草原民俗风情漫话

漫话蒙古马

田宏利／编著

内蒙古人民出版社

U0115667

图书在版编目(CIP)数据

漫话蒙古马/田宏利编著.-呼和浩特:内蒙古
人民出版社,2018.1
(草原民俗风情漫话)
ISBN 978-7-204-15224-7

Ⅰ.①漫… Ⅱ.①田… Ⅲ.①蒙古马-介绍
Ⅳ.①S821.8
中国版本图书馆 CIP 数据核字(2018)第 004866 号

漫话蒙古马

编　　著	田宏利
责任编辑	王　静
责任校对	李向东
责任印制	王丽燕
出版发行	内蒙古人民出版社
地　　址	呼和浩特市新城区中山东路 8 号波士名人国际 B 座 5 楼
网　　址	http://www.nmgrmcbs.com
印　　刷	内蒙古恩科赛美好印刷有限公司
开　　本	880mm×1092mm　1/24
印　　张	8.75
字　　数	200 千
版　　次	2019 年 1 月第 1 版
印　　次	2019 年 1 月第 1 次印刷
书　　号	ISBN 978-7-204-15224-7
定　　价	36.00 元

如发现印装质量问题,请与我社联系。联系电话:(0471)3946120

编委会成员

主　任：张树良

成　员：张振北　　赵建军　　李晓宁

　　　　张　琦　　曹　雪　　张海林

图片提供单位： 格日勒阿妈 鄂尔多斯 温暖全世界

摄影作者名单：（排名不分先后）

袁双进	谢　澎	刘忠谦	甄宝强	梁生荣
王彦琴	马日平	贾成钰	李京伟	奥静波
明干宝	王忠明	乔　伟	吉　雅	杨文致
段忆河	陈京勇	刘嘉埔	张万军	高东厚
郝常明	武　瑞	张正国	达　来	温　源
杨廷华	郝亮舍	刘博伦	王越凯	朝　鲁
吴剑品	巴特尔	汤世光	孟瑞林	巴雅斯
仇小超	陈文俊	张贵斌	王玉科	毛　瑞
李志刚	黄云峰	何怀东	吴佳正	黄门克
武文杰	额　登	田宏利	张振北	吉日木图
呼木吉勒	乌云牧仁	额定敖其尔	敖特根毕力格	
吉拉哈达赖				

手绘插画：尚泽青

序

　　北方草原文化是人类历史上最古老的生态文化之一，在中国北方辽阔的蒙古高原上，勤劳勇敢的蒙古族人世代繁衍生息。他们生活在这片对苍天、火神、雄鹰、骏马有着强烈崇拜的草原上，生活在这片充满着刚健质朴精神的热土上，培育出矫捷强悍、自由豪放、热情好客、勤劳朴实、宽容厚道的民风民俗，创造了绵延千年的游牧文明和光辉灿烂的草原文化。

　　当回归成为生活理想、追求绿色成为生活时尚的时候，与大自然始终保持亲切和谐的草原游牧文化，重新进入了人们的视野，引起更多人的关注和重视。

　　为顺应国家提倡的"一带一路"经济建设思路和自治区"打造祖国北疆亮丽风景线"的文化发展推进理念，满足广大读者的阅读需求，内蒙古人民出版社策划出版《草原民俗风情漫话》系列丛书，委托编者承担丛书的选编工作。

　　依据选编方案，从浩如烟海的文字资料中，编者经过认真而细致的筛选和整理，选编完成了关于蒙古族民俗民风的系列丛书，将对草原历史文化知识以及草原民俗风情给予概括和介绍。这套丛书共 10 册，分别是《漫话蒙古包》《漫话草原羊》《漫话蒙古奶茶》《漫话草原骆驼》《漫话蒙古马》《漫话草原上的酒》《漫话蒙古袍》《漫话蒙古族男儿三艺与狩猎文化》《漫话蒙古族节日与祭祀》《漫话草原上的佛教传播与召庙建筑》。

丛书对大量文字资料作了统筹和专题设计，意在使丰富多彩的民风民俗跃然纸上，并且向历史纵深延伸，从而让读者既明了民风民俗多姿多彩的表现形式，也能知晓它的由来和在历史进程中的发展。同时，力求使丛书不再停留在泛泛的文字资料的堆砌上，而是形成比较系统的知识，使所要表达的内容得到形象的展播和充分的张扬。丛书在语言上，尽可能多地保留了选用史料的原创性，使读者通过具有时代特点的文字去想象和品读蒙古族民风民俗的"原汁原味"，感受回味无穷的乐趣。丛书还链接了一些故事或传说，选登了大量的民族歌谣、唱词，使丛书在叙述上更加多样新颖，灵动而又富于韵律，令人着迷。

这套丛书，编者在图片的选用上也想做到有所出新，选用珍贵的史料图片和当代摄影家的摄影力作，以期给丛书增添靓丽风采和厚重的历史感。图以说文，文以点图，图文并茂，相得益彰。努力使这套丛书更加精美悦目，引人入胜，百看不厌。

卷帙浩繁的史料，是丛书得以成书的坚实可靠的基础。但由于编者的编选水平和把控能力有限，丛书中难免会有一些不尽如人意的地方，敬请读者诸君批评指正。

编　者
2018 年 4 月

目录 contents

目录

contents

01

和你说说蒙古马

在辽阔的草原上，马就是马背民族身体的延展、生命的延续。马陪伴着马背民族的成长，造就了马背民族厚重的历史。

　　蒙古族素有马背民族之称。我们一提到蒙古族，就会想到一望无际的草原上万马奔腾的景象。每一个蒙古人从呱呱坠地那一刻起，终其一生都会与马相伴。蒙古马不仅是蒙古人的交通工具，也是蒙古民族文化的重要组成部分。

　　蒙古马是中国乃至全世界较为古老的马种之一，主要产于内蒙古草原和新疆的一些地区。蒙古马体形矮小，其貌不扬，既没英国纯种马的高贵气质，又无俄罗斯卡巴金马的修长身条。然而，

蒙古马是世界上耐力最强的马种，对环境和食物的要求也是最低的，是典型的草原马种。蒙古马身躯粗壮，四肢结实有力，体质粗糙结实，头大额宽，腿短，关节、肌腱发达，被毛浓密，毛色复杂，耐劳，不畏寒冷，能适应极粗放的饲养管理，生命力极强，能够在恶劣的条件下生存。无论在亚洲的高寒荒漠，还是在欧洲平原，蒙古马随时可以找到食物，具有极强的适应能力，随时胜任骑乘和拉载的工作。尤其是经

过调驯的蒙古马，在战场上镇定自若，勇猛无比，冷兵器时代的战场上，蒙古马是草原上各少数民族最为倚重的亲密战友。

有史料载，成吉思汗所向披靡的欧亚远征军只有十三万人，军队的数量虽不算多，但蒙古骑兵的坐骑绝非一般。经过他们调驯的战马战斗力倍增，敌方战马根本不能与之匹敌，纷纷败下阵来。原始草原残酷的生存规则就是"优胜劣汰，物竞天择"，血性的风物养育血性的人。对蒙古人来说，血性是一种自觉，一种习惯。人是这样，马亦如此。

提姆·谢韦伦在《寻找成吉思汗》一书中描述道："这批马瘦骨嶙峋，个头很小，毛发杂乱，也没钉马蹄铁；跟瘦小的身躯相比，头实在是太大了，毛色斑斓，肌肉筋骨的线条看起来异常古怪。这批马都失势了，蒙古人饮用马奶，更要母马传宗接代，通常只保留几匹种马。种马的毛都留得长长的，拖到地上，好像一跑就会踩到似的。这几匹清晨出现的骟马是标准的蒙古马，其貌不扬，步伐沉重，身上的味道很重，却强韧得很。在一般人眼里，这种马算不上身出名门，可也只有这种马能熬过蒙古地区的酷寒，在西伯利亚的暴风雪中，还能站得住脚。在慑人的低温中，就连植物都为之枯萎，但是，蒙古马照样生机勃勃。斯科特上尉进入极圈，把雪橇拖到南极点的也是这种马（虽然他的冒险不幸失败）。成吉思汗强行军时，一日推进八十英里，靠的也是这种其貌不扬的动物。"

在辽阔的草原上，马就是马背民族身体的延展、生命的延续。马陪伴着马背民族的成长，造就了马背民族厚重的历史。在蒙古族的文学艺术作品中，蕴含着大量的马的形象，而且都是美好的、象征吉祥的骏马的描述或主题。在草原人民的心目中，马总是与

英雄联系在一起的。很难想象，一代天骄成吉思汗的胯下如果没有骏马，会是一个什么样的形象。有一首关于马的叙事长诗《成吉思汗的两匹骏马》，在草原上的蒙古族人民中间广为流传。叙事长诗里描述的，实际上就是人们对马的一种感情寄托。

　　蒙古马分几大系列，有乌珠穆沁马、上都河马、乌审马、三河马、科尔沁马，等等。科尔沁马、三河马属于高头大马，有洋马的血统，高大俊美，四肢修长，爆发力强，速度快，常常在国内外的赛马大会上拔得头筹；乌审马短小精干，清秀机敏，很有灵气，在戈壁滩和沙地上行走如飞，因此，这种马很受西部荒漠草原牧民的喜爱。成吉思汗陵园里的溜白神骏"温都根查干"就是乌审马；乌珠穆沁马是较典型的蒙古马，强壮、抗病、耐劳，善于长途奔跑，最适宜作战行军，在古代战争中屡建功勋。据说，著名的唐昭陵六骏中，就有一匹是乌珠穆沁马。

　　蒙古人熟识马性，通常采用粗放式牧马，将马群放归大自然，任其自由自在觅食、繁殖。所以，蒙古族蓄养的马群基本处于半野生的生存状态，它们既没有舒适的马厩，也没有精美的饲料，在狐狼出没的草原上风餐露宿，夏日忍受酷暑蚊虫，冬季能耐得住零下40℃的严寒。

　　人类文明与马的发展历史休戚相关，人类的文明史与马的贡献也是分不开的。马是世界上最完美、与人类关系最为密切的动物之一。在现代奥林匹克运动所有项目中，马术是唯一一项由人与动物共同参与，默契配合达到理想状态来完成的竞技项目。这不仅要凭借马完美无缺的体形，而且需要人与马进行交流，达到配合默契。

　　如今，蒙古马无论在都市还是在牧区，都逐渐失去了生产生活、骑驭的作用，数量也在迅速减少。然而，蒙古马与蒙古人有着难以割舍的深厚情感。有蒙古人的地方，蒙古马是不会绝迹的。蒙古人意识到蒙古马已越来越少，社会上有识之士也开始建立各种有关蒙古马的组织，研究蒙古马、抢救蒙古马的工作正在内蒙古草原上开展起来。

适者生存的草原精灵

他们的马只用草来饲养，从不用大麦或其他谷类。男子要接受在马背上两天两夜不下来的训练，当马吃草时，就睡在马背上。世上没有哪一个民族在困苦中能够表现出他们那样的刚毅，在匮乏中表现出那样的坚忍。

历史是一面镜子。历史中的未知可以在今天找到答案。而今天的疑惑，亦当在历史的长卷里寻觅痕迹。

宋朝，特别是南宋，曾经与蒙古人会盟灭掉金。南宋朝廷曾多次派员去北方与蒙古部落联系抗金之事。这些官员大多对蒙地

民俗有过较为详尽的记录，有幸的是今天我们还能读到这些文字。

在南宋人彭大雅撰，徐霆疏证的《黑鞑事略》中，对蒙古人及蒙古马就有极为细致的描述。在这篇文章里，我们可以读到宋人描述的蒙古人的养马之法，即今天谓之"吊马"的方法："凡驰骤勿饱，凡鞍解，必索之而仰其首，待其气调息平，四蹄冰冷，然后纵其水草……"吊马的方法说得很明白：若要是让马疾奔，切勿让马吃饱，只要卸了鞍子，一定要拴好使其仰着头，等待这匹马心跳气息平稳，四蹄彻底凉透达到冰冷，之后再让其吃草喝水。

徐霆很认真，对蒙古人的养马之法做了进一步考证，即从春天开始，只要出征归来的马，让其任意吃草喝水，没有什么特别的事情就不再骑乘。等到秋天的时候就把马拴在蒙古包旁边，少给水、草。一个月肥膘就落了，这样每天骑出百里都不会出汗，所以，蒙古马特别适合长距离的跋涉和征战。平时骑乘时不许马吃草饮水，凡是在骑乘、使用中让马吃草饮水，马必因长膘而生病。此种方法是养马的好方法，而汉人养马正好相反，所以，汉人调养的马多病。

徐霆在其著述的补记里面，还对蒙古马与人在生活场景中的重要片段做了十分细致的记录："霆（指徐霆）见鞑靼耆婆在野地生子才毕，用羊毛揩抹，便用羊毛包裹，束在小车内，长四尺，阔一尺。耆婆径扶之马上而行"，"霆往来草地，未尝见有一人步行者。其出军，头目骑一马，又有五六匹或三四匹自随，常以准备缓急，无者亦一二匹。"

欧洲人也对蒙古人和蒙古马有着贴切的记录。意大利传教士约翰·普兰诺·加宾尼在他给罗马教廷题为《出使蒙古纪》的报告中这样描绘蒙古马："我们到基辅后，同那里的千夫长和长官们谈起我们的旅行。他们告诉我们说，如果我们骑着我们现有的马到鞑靼地域去，它们肯定会死掉，因为那里积雪很深，我们的马不会像鞑靼人的马那样从雪下面挖掘出草来吃，而我们又不能找到任何其他饲料来喂马，因为鞑靼人既没

有稻草，又没有干草或饲料。""……我们尽马的力量快跑，我们几乎每天要换三四次马，从早到晚骑马前进，甚至在夜里也常常继续赶路。""在这期间，除了穿过沙漠外，我们以极快的速度骑马前进，每天要换五到七次马。在穿过沙漠时，则供给我们以能够支持长期奔跑的很强壮的好马。""我们到达贵由的驻地，他是现在的皇帝。这一段路程，我们以极快的速度骑马前进，因为护送我们的鞑靼人奉命要领着我们迅速赶路，以便我们能及时赶到，参加庄严的皇帝推选大会，这个会在几年以前就已经召集了。因此，我们一大早就动身，一直奔跑到夜里，一顿饭也不吃。有好多次，我们到达驻地时已经很晚了，因此，那个晚上我们连饭也吃不上，我们应该在前一天晚上吃的食物，到第二天早上才给我们。我们让马尽力快跑，因为，我们一天要换几次马，因此，不须爱惜马匹，至于我们骑累了的马，则仍然送回去，就像我在前面说的那样。这样，我们一路骑着马飞快地奔跑，一刻也不停息。"

《马可·波罗游记》中这样记录蒙古马和蒙古人："他们的马只用草来饲养，从不用大麦或其他谷类。男子要接受在马背上两天两夜不下来的训练，当马吃草时，就睡在马背上。世上没有哪一个民族在困苦中能够表现出他们那样的刚毅，在匮乏中表现出那样的坚忍。"

"当情况紧急，急

需要派探子时，他们能够马不停蹄地奔驰十日，既不生火，也不进餐，只用马血维持生命。必要时每人割破自己战马的一根血管吮吸马的血。"

"鞑靼人的战马转向的速度十分迅速，吆喝一声，战马可以立即转向任何方向。他们凭借这项优势获得了许多胜利。"

在欧洲的远征中，蒙古族武士身穿毛皮衣服，外备新马作为补充，能在极少休息、吃饭的情况下骑马连续行军几天几夜，他们将"闪电战"引入13世纪的欧洲。据说，他们在匈牙利平原作战时，三天走了270英里。他们用皮袋装水，皮袋没有水时，又能充气在游泳渡河时使用。他们通常靠农村居民生活，然而，如有必要，也喝马血、马奶。从小学到的打猎技术，使他们能控制长距离飞奔的马群。

蒙古马常年在空旷的草原上迁徙游荡，漫长的严冬里没有避寒之地，没有干草或谷物作为补充饲料。这虽使得它们体格不很高大，但非常能吃苦，且适应性强。在牧区用套索套住一匹蒙古马，装上马鞍，不用喂食，连续骑上100多里是很常见的事。不过，第二天就不能再骑这么远了，得把它散放上好几天才能继续骑行。

当然，这对蒙古人来说不是什么问题，因为他们战时备有大批新马，能按需要连续不断地换着骑。

蒙古马就是这样，伴随着蒙古大军，在几百年中用它们的身躯换来了生存的权利。太多的蒙古马在残酷的战争中、在恶劣的环境里顽强生存着。"物竞天择，适者生存"，进化的结果，恰恰是以人的需要为转移的。在恶劣条件下的长途奔袭，使得蒙古马完全适应了这种环境，可以说在生存方面，世界上绝大多数马种和蒙古马是无法相比的。

蒙古马的进化论

03

　　蒙古族在几千年的生活实践中积累了养马、套马、驯马、骑马、修饰马和治疗马疾的民间方法，同时也创造了有别于其他民族的独特的马文化。

　　据考古发现：在内蒙古乌兰察布市集宁区西北，赤峰市林西县、阿鲁科尔沁旗，鄂尔多斯市乌审旗等地先后出土上新世三趾马和更新世蒙古野马（普氏野马）的骨骼和牙齿化石，说明在内蒙古地区很早以前就存在马的祖先——三趾马和蒙古野马。据《汉书》记载，新石器时代匈奴部落已经在蒙古高原随水草而居，经营牧马和牛羊，匈奴马曾显赫一时。蒙古帝国的建立，使蒙古马分布的地域无论在国内还是国外都更加广泛。内蒙古草原东西跨

古代蒙古马图

度大，东西生态环境和自然条件有着较大的差异，导致蒙古马中存在着不同的类群。由于蒙古马数量多而且分散，各地生态条件不同，不同类群的蒙古马的体形、外貌及性能有着较大的差异。在内蒙古自治区境内，逐渐形成了一些适应草原、山地、沙漠等条件的优良类群，其中锡林郭勒乌珠穆沁马、百岔铁蹄马、乌审马和阿巴嘎黑马已被农业部正式写入《中国马驴品种志》，成为国家公认的蒙古马类群。现代蒙古马从它祖先蒙古野马进化为家畜，经历了自然环境的巨大变化和社会的多次变革。在这漫长的历史岁月中，蒙古马经过进化与发展，与其祖先蒙古野马的原型有了较大的差异。

自古以来，有什么样的草，养什么样的马。汉武帝时，名扬四海的大宛马最喜欢吃的只是苜蓿草。与大宛马相比，蒙古马不知要幸福多少倍。蒙古大草原给蒙古马提供了得天独厚的生存环

境，禾本科的羊草、冰草、无芒雀麦、贝加尔针茅、早熟禾等比比皆是，豆科的黄花苜蓿、达乌里黄芪、野豌豆等也很丰盛，每一样都是蒙古马的美食。

唐朝在西域有一次史称"拔汗那之战"的军事行动。这是一次历史上繁荣的大唐与阿拉伯世界的对决，目的只有一个，就是对西域的控制。这场战争历时40年，大唐军队节节胜利，最远时已进入库车以西1000里的地方，进入阿拉伯人的腹地。最后，因唐朝军队中的雇佣军葛逻禄部反叛，使怛逻斯之战失利。后因唐朝的"安史之乱"，唐朝的势力退回原来的范围，而阿拉伯人也因承担不起巨大的消耗而罢手。

在解读这段历史的时候，史学界有一个不解之谜，在唐朝战败退却的军队虽有被大食（阿拉伯）和吐蕃誉为山地之王的名将高仙芝等率领，但也仅剩一千多人，阿拉伯军队为何没有一直向

东追击，而是在今天伊犁向西的地方戛然而止呢？而唐朝在平定"安史之乱"两年后，立刻扩充了驻扎在西域的军队，与阿拉伯人的势力形成相持的态势。原因只有一个，尽管有现在被认为优秀的阿拉伯马，当时的阿拉伯军队仍无法确保安全长途进军

1000多里，与唐朝的军队作战。唐朝军队的马匹虽然不如阿拉伯人的马匹，但它的陌刀、横刀，也就是现在所称的"唐样大刀"（横刀的锻造技术在当时世界上是极为先进的，锻造出来的刀锋锐利无比，而且步骑两用，制造横刀的技术后来被日本学去，成就了日本刀后世的声名）及马槊极其厉害，使唐军能够以区区2万人（另有1万雇佣军）面对20万阿拉伯军队！唐军用的是步步为营法，每段都有仓营，辎重给养供应充足。

阿拉伯马是公认的优良品种，是耐力、奔跑能力极佳的马。历史上却未见有阿拉伯人的军队乘阿拉伯马，跨越千万里进行长途战争的记录，无论是胜利的还是失败的。历史却记载了蒙古人骑着蒙古马，征服了亚欧各国，其中就有蒙古人与阿拉伯人的战争。但是，没有任何文字记载，蒙古军队后来骑着阿拉伯马征战。答案是肯定的，几乎没有哪一种马，能够经历像蒙古马这样的征战生涯。

内蒙古高原夏短冬长的气候特点，使得蒙古马与生俱来极强

的生存适应性。特殊的生存环境，与蒙古人世代相传的独特的饲养驯化经验，两者的结合，才使得蒙古马从众多马种中脱颖而出。蒙古族在对马的饲养、调教和使用上，毋庸置疑地有别于其他民族，有很多独到的经验与方法。

为了能驯养出良马，蒙古人会在马三四岁时就为之去势。这种去势的马在蒙古语中叫"阿格塔"，汉语叫"骟马"。这样早早去势后，马的身体会越来越矫健、粗壮，性情变得柔顺、易驯服。蒙古马正是在蒙古族人这种长期的定向调教、驯养、筛选下才成为优良马种的。

从外形上看，蒙古马的身体结构格外匀称，胸廓深广、背腰平直、肋拱腹圆，非常适合骑乘；前肢正直，后肢略微外向，十分善于奔跑。在敦实的外形下，其超强的耐寒性、善于长途跋涉的超群体力和耐力，都令其他马种望尘莫及。它甚至可以在雪深40厘米的情况下刨雪采食深埋的干草，即使寻找不到干草，部分蒙古马也能靠吃自己的粪便存活下来。它们鼓胀的腹部积存着大量的脂肪，让它们掉膘缓慢，也让它们在春暖草绿之后迅速长肥。

　　在内蒙古的不同地区，蒙古马有着不同的优良品种，不同的优良品种有着各自的出众品质。例如，产于赤峰市克什克腾旗百岔山地区的百岔铁蹄马，是唯一不需挂掌即可远行的蒙古马；产于锡林郭勒盟阿巴嘎旗的阿巴嘎黑马，是蒙古马中体形最大的，善于长途奔跑。蒙古马众多的优良品种，以及与生俱来的优秀品质，使得这一马种成为中国本土马中的第一优良品种。

漫游世界的蒙古马

04

无论是在亚洲的高寒荒漠，还是在欧洲平原，蒙古马都可以随时找到食物，可以说，蒙古马具有最强的适应能力，蒙古马可以长距离不停地奔跑，而且无论严寒酷暑都可以在野外生存，有人曾说"蒙古马是最接近骆驼的马"。

　　蒙古人的祖先曾经建立过当时速度最快、规模最大的陆地交通系统，在铁路发明之前，无可比拟。单单这点成就，就足以大肆纪念了。12—13 世纪，蒙古骑兵骑着结实强韧的蒙古马，传递十万火急的文书、护送络绎不绝的外国使臣，奔驰跨越在已知世界三分之二的路径上。全身皮革护具的蒙古铁骑，以迅雷不及掩耳的速度，越过漫长的距离，蹄迹所至之处，从多瑙河畔，一直延伸到黄海海滨。更让人啧啧称奇的是：这批马上高手征服了沿途所有土地，缔造了横跨欧亚、空前广阔的陆上帝国。

　　21 世纪是一个讲究速度的时代。人们通过因特网转眼间就能获取全世界的信息。但我们不能忘记人类最初是如何意识到"速

度"这个概念的。如果人类没有发现马的作用，要花费更多的时间才会意识到"速度"，也就是说没有马就没有人类今天的民族大统一和大发展。

早在 5000 年前，我国北方民族就已驯化马匹。如《汉书·匈奴传》记载：公元前 200 年，汉高祖刘邦出击匈奴时，在白登山被冒顿单于 30 余万骑兵围困七日。汉武帝在与匈奴的对战中，曾经多次带回大量马匹，并任用匈奴王子金日磾为汉朝的马监，民间养马业空前发达。西晋以后，塞外各部族相继南下，带来马匹数以万计。盛唐时期，北方各族都曾以良马进贡，如《唐会要》就记载："突厥马技艺绝伦，筋骨适度，其能致远，田猎之用无比。"并指出延陀马、同罗马、仆固马为同种，多为骆毛（兔褐毛）和骢毛（青毛）。这些都与蒙古马相似，都是蒙古马的祖先。北宋时东北的契丹马也是蒙古马，说明东北地区早已分布有蒙古马。蒙古帝国被誉为"马之帝国"，成吉思汗的卫队就是由精良

的骑兵组成，历史上称他是以"弓马之利取天下"的。根据《元史》记载，当时牧马地甚广，北至火里秃麻（今蒙古国以北），遍及塞外草原及南方。

蒙古马作为一个品种，自然有它存在的价值。它存在的合理性是不容忽视的。它骨骼结实，肌肉充实，运动中不易受伤；体力恢复快，耐粗饲，不易掉膘（这点保证了它在条件极差情况下的生存）；蹄质异常坚硬，肺部发育良好，使其呼吸能适应超负

荷的驮载；蒙古马的睫毛浓密，无眼疾，视力强于其他马种，色盲程度稍轻；关节不突出，使其更善于负重行走，等等。而在乘骑方面，蒙古马的平稳、舒适，能走多种步伐，这些优点就更不用说了。"伞幄垂垂马踏沙，水长山远路多花。眼中形势胸中策，缓步徐行静不哗。"这是南宋抗金名将宗泽的诗句，也是写给那

些喜欢蒙古马，并为它们的生存、发展贡献微薄之力的人们的。

"我们胯下的马匹，一定与成吉思汗纵横欧亚，后方源源不断供应的蒙古马一脉相承。这种马比小母马大不了多少，脖子粗粗的，有张呆滞笨拙的大脸，外带一副强韧粗壮的骨架。西方马贩对这种马绝对不会多瞧一眼。但是，蒙古马生命力之强，举世罕见。据说，在世界上其他任何一种马都活不下去的环境里，蒙古马一样活蹦乱跳；即使别种马饿死，它们还是会自己找到吃的。在次北极圈温度中，其他马经常冻毙，蒙古马却毫无损伤。蒙古人常说，他们的马跟草原上的蒙古野马有亲戚关系。19世纪70年代到80年代，俄国探险家尼古拉斯·普热杰瓦斯基上校在蒙古草原漫游，在1881年，他发现了这个特殊的马种，蒙古野马因此也以普热杰瓦斯基的名字命名。至今，除了动物园，已经无法确定究竟有没有野生的普热杰瓦斯基马。据说，有人曾经在接近中国边界的蒙古国西南方看到过普热杰瓦斯基野马在草原上奔驰。丹比多尔扎很笃定地对我说，在背脊上有一条像是黑鳗的鬃毛或是在脚上有斑马条纹的马，就一定带有蒙古野马的血统。"（提姆·谢韦伦《寻

找成吉思汗》）

可以肯定的是，13世纪初，成吉思汗那支行动迅捷飘忽、征服欧亚大陆、把世界掀得天翻地覆的部队，骑乘的正是这种其貌不扬的蒙古马。身经百战的蒙古铁骑经常倏地出现，出其不意地攻击敌人，如有神助，而胯下的蒙古马，强韧有力，走在一般人认为是天险的高山沙漠，也能如履平地。它们可以在极短的时间内，驰过漫长的道路，让敌人猝不及防。

据史料记载，成吉思汗铁骑西征时，经常靠蒙古马的惊人速度及耐力对敌人进行突然袭击，从而得到胜利。蒙古士兵装备精良，骑射精湛。草原民族全民皆兵，蒙古人从会走路起就接受军事训练，特别是骑射。蒙古武士的军事技能训练还包括套马索和铁骨朵、骑枪等，属于全能型骑兵，整体战术先进。蒙军西征将领郭侃就有着独自率领万人，在西亚屡破伊斯兰军队一百二十余城、破十字军一百八十余城的骄人战绩。1219年9月，成吉思汗的两位大将速不台和哲别攻打花剌子模讹答剌城时，因城内工事坚固，未能攻破。于是，哲别带领军队暂时后退并休整队伍。城内守军经过打探，得知蒙古大军居然后撤了500里，便认为对方已经丧失了锐气，放松了警惕。几天后的一个晚上，蒙古大军一夜行进500里，于次日清晨到达讹答剌城，突然发动猛攻，城内毫无准备，很快就被攻陷，蒙古军全歼城内守军。此役后，蒙古军队名声大振，仅用两年时间就打败了强大的花

合掛大車圖

元代车运图

刺子模国。

蒙古马的特殊优势，使得蒙古军队具有当时其他任何军队都难以比拟的速度和机动能力。蒙古马身材矮小，跨越障碍能力也远远不及欧洲的高头大马。但是，蒙古马是世界上忍耐力最强的马，对环境和食物的要求也是最低的，无论是在亚洲的高寒荒漠，还是在欧洲平原，蒙古马都可以随时找到食物。可以说，蒙古马具有最强的适应能力，蒙古马可以长距离不停地奔跑，而且无论严寒酷暑都可以在野外生存，有人曾说"蒙古马是最接近骆驼的马"。同时，蒙古马可以随时胜任骑乘和拉车载重的工作，而且，蒙古马在蒙古军队中除了作为骑乘工具，也是食物来源的一种——蒙古骑兵使用大量的母马，可以提供马奶。这也减少了蒙古军队对后勤的要求。并且，蒙古骑兵通常备有不止一匹战马。

05

蒙古骑士的驿站快递

驿站制度的卓越成就，使蒙古人骄傲不已，是它让信差能够快速地传递信息。在蒙古人经营驿站系统之前，根本就没有任何快递服务可以跟它相提并论，而在蒙古人结束独霸世界的局面之后，漫长的时间内世人依旧望尘莫及。

　　元代的驿站，亦称"站赤"（意为掌驿站者）。驿站"通达边情，布宣号令""驿传玺书谓之铺马圣旨，遇军务之急，则以金字、银字圆符为信"。可见驿传任务非常艰巨。这种艰巨任务，主要是靠蒙古马来完成。每个驿站均备有蒙古马，一旦驿传号令或圣旨下来，驿传者不分昼夜飞身上马。蒙古马将驿传者以迅雷不及掩耳之势准时送到下一个驿站。有时恶劣气候使驿传者在破云除雾跋山涉水中迷失了方向。但驿传者只要暗示好乘马，信马由缰，乘马便会将驿传者带到目的地。

　　驿站是铁路兴起以前最有效率的交通系统，横越亚洲，无远

弗届。这套系统并不是
成吉思汗或他的继承人
发明的，蒙古人是沿用
契丹人的创意，精益求
精，竟然把这套系统发
展到无懈可击的地步。
从黄海到黑海，八千公
里左右的漫漫长路，蒙
古人设置了一连串的驿
站，绵延亚洲大陆。每
个驿站都备有当地饲养
的上等好马，供持有大

汗路牌的旅行者更换马匹，有的驿站提供向导、住宿；再豪华一
点的驿站，甚至准备了拖车与负重的骡马，供旅客雇用。虽然在
当时的蒙古社会，每个人都饲养了大批马，不过这套系统耗费的
资源依旧令人咋舌。单单在蒙古境内，驿站里的备马就有三百万
匹。除了马匹，每个驿站还有驿长、马夫、住处、供水设备、补
给站及足以养活大量备马的草地。

　　驿站制度的卓越成就，使蒙古人骄傲不已，是它让信差能够
快速地传递信息。在蒙古人经营驿站系统之前，根本就没有任何
快递服务可以跟它相提并论，而在蒙古结束独霸世界的局面之
后，漫长的时间内世人依旧望尘莫及。唯一可比拟的是美国的小
马快递。小马快递的骑士是一站一站地接力递送，蒙古骑士却是
一路送到底，换马不换人，用一己性命护卫信件安全，直奔目的
地。他们几乎使出生命中所有的力量，没日没夜地奔驰，绝少打
尖住宿，他们甚至用皮带把身子绑在马鞍上，免得累得睡着而摔
下马来。蒙古驿站与名闻遐迩的小马快递的差别，就在这里。小
马快递是每10公里到20多公里换一个骑士，十天之内，可以跑

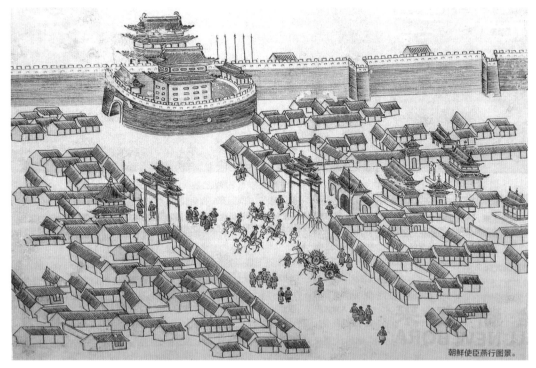

朝鲜使臣燕行图景。

将近 3000 多公里的行程。但是，小马快递的寿命不长，只支持了十八个月，接了六百一十六笔生意。而蒙古驿站骑士每一天能跑上 80—110 公里，必要时，可以把速度加到 190 公里左右；如果是十万火急的特急件，要他们一天跑上 400 公里也都能做到，而他们的服务至少在蒙古境内持续了七个世纪。

马可·波罗在他的《东方见闻录》中，精确地描述了这个让当时西方人赞叹不已的通信系统。马可·波罗并没有到过蒙古本部。鲁布鲁克在造访哈剌和林十八年后，马可·波罗往南穿过中国西部沙漠，来到了当时惊艳世界的"大汗帝都"——大都（也就是今天的北京），晋谒忽必烈可汗。亲眼见证了忽必烈是怎样运用这套卓越的驿站系统，管理这个庞大无比的帝国：

"忽必烈汗的信差上路之后，每 40 公里，就会碰到一个驿站。

驿站中至少有四百匹备马供信差替换，让他们尽快上路……驿站遍布蒙古大汗辖下的各行省与王国。如果形势紧急，信件必须及时送达，信差一天可奔驰 320 公里，甚至 400 公里……他们用皮带束紧身体，随着马匹的奔驰起伏，强自振作，全力冲刺。接近驿站的时候，他们吹响号角，驿站听到了，会立刻帮他们备好马匹。信差一到，两匹新马就已待命，鞍辔齐备，体力充沛，足以奔驰。信差下马，不容喘息，又骑上新马，扬尘而去……"

驿站系统是蒙古帝国维系不坠的关键之一。成吉思汗和后继者都很明白，掌握灵通的信息就能抢占先机；少了这个传递信息的系统，庞大的帝国将会陷入一片混乱。驿站系统的确有它的长处，难怪蒙古帝国从世上消失很久之后，在中亚的广大区域，还是靠驿站传递消息，到 1949 年，每个驿站还都养了许多备马。

提姆·谢韦伦在《寻找成吉思汗》一书中有过这样一段描述：退休的大使曾伟格米德曾任蒙古驻中国大使，现年八十多岁，依旧风度翩翩。我在前往哈剌和林之前，在乌兰巴托碰到他。他

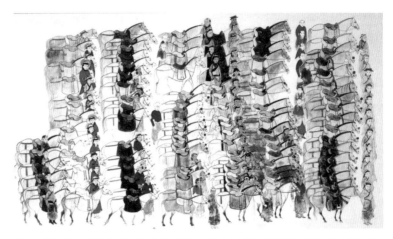

说，他年轻时曾经得到政府批准，使用国家的驿站系统横越蒙古。当老师是他的第一份工作，学校在四百七十英里之外，他就是靠驿站一站一站地骑马过去报到的。他保留了当时的通行证，红色的蒙古文行书，通知沿路驿站，免费提供食宿、向导跟马匹。"这

套系统很好。"他跟我说："每个区域都有富裕的人家，提供驿站马匹，对他们来说，这是一件很光荣的事情。每个驿站雇用的骑士，叫作'布可希阿'，都是千中挑、万中选的强壮小伙子，体力好得不得了。他们大概都是贫穷人家的子弟，很看重这份工作，认真得要命。接了政府的重要消息，他们就一站一站地往前奔去，别说休息了，有的时候，连脚跟都不着地，从这匹马往那匹马身上一跃，照跑不误。长程跑下来，任凭谁也受不了，所以，他们真的如马可·波罗所说的一样，用皮带把身体绑在马上，一天一天地赶路。"

物竞天择的蒙古马

在游牧生活中，马的驯化，极大地扩大了牧人的游牧半径。从此，天涯海角、千山万水只在扬鞭跃马之间。

蒙古马与蒙古人一样，生活在冬季高寒、夏季高温的地带。它在暴风雪中驰骋如飞，烈日炎炎中行走如流。它有耐寒耐热的奇特本领，具有强大的环境适应性。

蒙古马通常以三五百匹为一群，每隔三四年分一次群，由强健的公马带领众多母马繁衍生息。每到夏季，成群结队的马群，在绿浪翻滚的草原上奔驰起来如同海潮汹涌。每到冬季，在寒风凛冽中成批蒙古马仰天长啸，其声如惊雷、震天动地。

蒙古马体小而又灵活，眼疾而能避险，矫健而有力量，敏锐而又迅捷。蒙古高原深处大陆中央，距离海洋十分遥远，几乎得不到水气的滋润。冬季苦寒，雪量也少，通常不到一米。即使像是卡庇尼这样早期的访客，也注意到蒙古马的生命力强韧惊人，竟然可以用前蹄刨出坑洞，找草来吃。它们能找到的东西其实少得可怜——无非是一些已经冻毙或是结冰的植物，但是，单单这么几口吃的，就足以让蒙古马熬过寒冬。物竞天择，只有最优秀的动物才能生存。

在游牧生活中，马的驯化，极大地扩大了牧人的游牧半径。从此，天涯海角、千山万水只在扬鞭跃马之间。经过几千年"逐水草"的游牧选择，

才形成了今天这样的草原畜牧业生产格局与生活习惯。可以说，马的驯化程度是草原畜牧业繁荣昌盛程度的标志。在漫长的历史长河中，马的兴衰一直与蒙古族的荣辱相伴。马文化与能征善战的蒙古民族一同被载入了史册。因此，蒙古民族与蒙古马结下了深厚的感情。成吉思汗统率的蒙古军队进攻或退守中，蒙古马为蒙古大军赢得了时间，占据了有利的地形，使得成吉思汗的战士经常处于主动地位。在激烈的战斗中，蒙古马食宿简便易行，围追防范能力特别强。不论

吃下任何一地的牧草，都能不分昼夜、冷热立着睡眠。它体力恢复极快，在战争中始终保持健壮的体魄和充沛的力量。蒙古大军每次出征时，每个战士除乘马外，还备至少一匹到三匹马。乘马跑完一段路程后，便丢给战争途中专门的养马人，换上另一匹膘肥体壮的战马继续前进。

蒙古马通人性，对主人竭尽忠诚。它具有忘我的情感，遇事主动承担风险。在民间，有许多生动的故事千载流传。

13或14世纪的叙事诗《成吉思汗的两匹骏马》，在蒙古族中几乎是家喻户晓。叙事诗中描述的两匹骏马在参加成吉思汗围猎中超群出众，贡献巨大。但这样辉煌的业绩没有得到主人应有的赞扬，两匹骏马遁逃而去。在遁逃中，两匹骏马对成吉思汗的不同看法终于暴露出来。一个是倔强自信、桀骜不驯，追求自由；一个是愿意接受役使而眷恋主人。最终在恩君的感召下，它们回到原来的马群，受到成吉思汗的欢迎、问安和封奖。这一寓言诗以两匹骏马的人格化，反映出蒙古人与蒙古马的美好关系和蒙古马对蒙古人的笃实心态。

蒙古民族英雄嘎达梅林在与军阀和王爷军队激战中，被冷枪击中落马。在敌军就要追上的千钧一发之际，嘎达梅林的乘马咬紧他的衣角，将嘎达梅林拖到河畔密林中，使嘎达梅林死里逃生。

19 世纪的蒙古族大作家尹湛纳希从外地返回家乡的原野上，不慎落马昏厥过去，这时有两头狼扑了过来。尹湛纳希的乘马高扬四蹄和鬃尾与两条狼展开了殊死搏斗。尽管狡猾的两头狼轮番进攻，乘马一对二累出一身大汗，但它仍然寸步不离主人。它挡住了两头狼，迎来了尹湛纳希的家人。

蒙古马很重亲情，能准确认出父马、母马与兄妹马，并保持亲密的家族关系，蒙古马从不与生身母马交媾，蒙古人称马为义畜。蒙古马在动物中是最洁净的，它喝的是河水、湖水、井水，从不喝死水和脏水。吃的草也是找新鲜的，有时宁肯挨饿，也不

吃腐烂变质的草。

马是一种十分具有英雄气概的动物，竹披双耳，风入四蹄，龙骧虎视，跃腾万里。马的形象常激发人们的昂扬奋进之情，奔突四方之志。蒙古族史诗《江格尔》和藏族史诗《格萨尔》中，都频频出现对骏马的赞美。《江格尔》中就有这样一段描写：

著名的骏马，

人们把它和野鹿相提并论。

它的身躯比阿尔泰山、汗腾格里低不了几分，

光溜溜的脊背，

如同野驴背一样；

蓬松的鬃毛，

像火焰在风中飘动；

长长的颈脖，

好似野鸭的脖子，

一眨眼间能踏遍大地的东南西北，

从不知道什么劳累困顿。

古代许多马背民族把马奉为战神，例如，成吉思汗每次出征时，与军帐并行的是一匹由人牵着的象征战神的白马。在马背民族的心目中，马已不再是一种普通的动物，而成为一种包含着能激励人生的丰富内容的精神形象，一种美好人格的象征。

07

新常共生的鄂温克

蒙古马和蒙古人，就像相互配合默契的朋友和伙伴，相互陪伴着，游弋在蒙古大草原上。

在人类文明的历史进程中，没有其他任何一种动物的作用超过马，马是人类最早驯养的家畜之一。在游牧民族中，主人与马的关系是人与动物关系的集中体现，是人与自然和谐相处的缩影和典范。

"逐水草而居"是游牧民族的基本生产生活规律，这里面包

含两层意思：其一，为了合理使用草场，使牧草休养生息，牧人从不会让牲畜在一块草场上无休止地啃食，在不同季节，牧人会赶着牲畜走在不同的草场上；其二，在风调雨顺与自然灾害的变换中，牧人不停地寻找水草肥美的新牧场。游牧是古代游牧民族生产与生活的必然选择。

　　自古以来，以游牧为业的马背民族和大自然保持着高度和谐。这种和谐，体现在他们与动植物之间密不可分的关系上，体现在人与动植物的相依相存上。马背民族的生态伦理观念的集中表现，就是对动物和自然的报恩意识。内蒙古草原辽阔，牧草丰茂，很适合养马。马好运动故食量大，胃小消化快，边食边排便，一天多数时间要吃草。夏季天热蚊虫多，马在白天躲蚊虫、避酷暑，所以主要在夜间吃草抓膘。故人们常说："马不食夜草不肥"。马爱清洁，喜欢饮用河里流动的水，夏季爱奔跑活动，出汗多，如不勤为马饮水，马就不爱食草。草原上有"旱羊、水马、风骆驼"之说。马食用大量的草，需要用水帮助消化。牧马人都知道："宁

少喂一把草，不可缺一口水。"有经验的牧马人常将马赶到河边，以方便其洗浴、饮水。蒙古马和蒙古人，就像相互配合默契的朋友和伙伴，相互陪伴着，游弋在蒙古大草原上。

马对游牧民族具有非凡的意义。游牧民族特别热爱马。在实际生活中，昂首奔驰的骏马是游牧民族狩猎、放牧、迁徙、征战时不可缺少的亲密伙伴。游牧民族生产生活中的大部分时间，是在马背上度过的，马背成就了游牧民族的事业与梦想，因而，游牧民族又被誉为马背民族。在北方各游牧民族中，几乎都有男童骑马礼。骑马礼一般在男童五六岁时举行，孩子要穿上漂亮的民族服装，父母分给孩子一只小马驹，并配上全新的马具和马鞭。马驹被装扮一新，马耳、马脖子和马尾上都会系上色彩鲜艳的布条。男孩子骑上了马，就象征着他生命中第二个征程的开始。

　　拉第尔在《人类的历史》一书中,曾这样描述中亚的马背民族:
"草原上可以找到大量强壮、长颈的马匹。对蒙古人和土库曼人
来说,骑马并不是一种奢侈,连蒙古牧羊人都是在马背上看管羊
群的。孩子们很小就学会了骑马,三岁的男孩子经常在一个安全
的童鞍上上他的第一堂骑术课。"

　　提姆·谢韦伦在《寻找成吉思汗》中描述道:"蒙古小孩子
才刚刚学会走路,牧民就开始教他们骑马。以往的那达慕还可以
看到牧民驯服劣马的惊险镜头,但现在已不复见;现今,在那达
慕赛马的骑士,很少超过十二岁。蒙古人觉得每个人都该会骑马,
所以,他们的赛马是真的在比谁的马好,而不是比哪个骑师的马
术最精。我曾经在乌兰巴托南部草原看过一场异常精彩的赛马。
总共有两百名骑师参赛,清一色是小孩子,男女都有,身上穿着
五颜六色的衣服,就像从西方圣诞节彩帽上借来颜色编织而成。

小孩子赛马是那达慕赛马的序幕。信号声响起，早就按捺不住的马匹，以雷霆万钧之势，猛冲而出，万马奔腾，震耳欲聋，再加上小孩子兴奋的尖叫声，现场热闹非凡。以西方的标准来说，这种赛马简直是马拉松比赛。比赛分级进行，从跑九英里的两岁幼马赛，到最高跑十七英里的成马赛都有。信不信？这场比赛最后

的优胜者，是一个四岁的骑师。"

蒙古族与马相依为命的历史源远流长。在草原上，新石器时代的遗址中发现了不少马的骨骼；在阴山岩画中，还展现了牧民骑射围猎，奔驰战斗、以马拉车等各种生动场面。这些在文字产生之前的图画，记录了当时北方游牧民族将马驯养为家畜使用的生动历史。

围猎是蒙古人老少娴熟的一项活动。古代蒙古大汗、王公贵族都喜欢围猎，如今许多地区仍保持着围猎习惯。围猎中经常上上下下一齐出动，是全民性的活动。古代的围猎分为虎围、狼围、鹿围和鸡兔围。这实际上是一场蒙古马竞技表演和准军事演习。凡参加围猎者均要骑一匹精良的蒙古马。在围、赶、追、吓、堵、埋伏等围猎中，需要蒙古马与主人卓越的配合，否则，不仅不能获取猎物，主人稍有不慎或乘马有所闪失，便有中弹、中箭、被布鲁（打猎工具）击伤和被野兽反扑的危险。

围猎者要想尽情发挥围猎的本领，那是绝对少不了蒙古马的智慧和机敏。蒙古马不仅善解主人用意，也懂得围猎的奥秘与要领。在这一点上，蒙古马有惊人的记忆和超常的灵活性。主人在瞬息万变的围猎场上，有些难以精确预料的东西，这时便由蒙古马替主人加以补救而化险为夷。

古代围猎者将自己的猎马视为生命、视为神灵。在马群中，最讲究的是"杆子马"，它也是牧民最喜爱、最重要的马。杆子马是牧民日常活动的主要助手，在套马中，杆子马善于尾随与坐停，它能跟随奔跑的马群，用身体左遮右拦地调节马群前进的方

向。无论是套马还是逐猎，杆子马都能准确无误地理解与执行骑手的意图。

蒙古人对蒙古马非常珍爱，对众多的蒙古马的习性和爱好了如指掌。按照蒙古马的毛色和雌雄不同，分别给予爱称。蒙古马群中大致分为红色（又分为枣红、骝红）、白色、黄色（又分为金黄、米黄）、黑色、紫色、棕色和斑马。按此毛色特点，许多蒙古小孩都能准确无误地讲出马的爱称。在家畜中马的寿命最长，最高能活六十岁。蒙古人对马的年龄计算以双岁为一岁，如三十三岁马实际已是六十六岁。

蒙古牧人忌食马肉。马死亡后要将其埋葬，以示报答马对主人的一片深情。生过十个马驹的母马和年久的种公马，蒙古人视为"功臣"，给予特殊待遇，马鬃系上色彩鲜艳的绸缎条，以区别于一般马。这两种马不但不能宰杀，死后还要厚葬。

故事链接：

铁木真寻马记

付出必有回报，经过几年的埋头苦干，铁木真16岁那年，家里已经有了九匹马。然而，厄运从天而降，那天阳光灿烂，别里古台骑着一匹马早早出去捕捉喜欢卖萌的旱獭，另外八匹马在蒙古包外愉快地吃草。三个盗马贼如旋风而来，就在铁木真一家眼皮子底下赶走了那八匹马。由于没有其他的马，铁木真一家只能眼睁睁地看着，既愤怒又无助。

畜群是蒙古草原上的货币本位，如同今天的美元。草原人会按物品的大小，用一只羊、一头小牛或是一匹马来"购买"，其中尤以马的面值最大。畜群还是硬通货，如同今天的金银，纵然不当作货币，也有高价值，尤其是马。草原人出行时要用马，狩猎要用马，劫掠或战争更要靠马，马乳是他们的饮料，必要时还可以饮马血、吃马肉保命。马皮可以做帐篷，马尾和马鬃可以做绳索。

丢了马，就等于丢掉了家庭的命脉，铁木真的几个弟弟都要哭出来了，只有铁木真直挺挺地站着，眼睛望着盗马贼逃走的方向，脸色铁青，眼睛喷火。

晚上，别里古台带着几只旱獭回来了，得知马匹丢失，翻身

上马，就要去追赶。铁木真命令他下马，说："你累了一天，不可能追上。"合撒儿同意大哥的意见，自告奋勇要百里追凶。

铁木真也把他拦下，果断地说："你二人都不要去，我是大哥，应该我去。"

还未等众人反应过来，铁木真已蹿上马背，在马屁股上象征性地抽了一鞭子，那匹失去同伴的马就如风一般飞了出去。

铁木真才跑了大半夜，那匹马就如得了哮喘，呼哧呼哧喘着气。铁木真打量了下那匹马，暗暗叫苦。这匹马在九匹马中排名倒数第一，是匹货真价实的劣马。如果那八匹马是黄金，这匹马就是破铜。铁木真不希望这匹马牺牲在半路，只好放慢速度，循着盗马贼的马迹心急如焚地追踪。

由于速度太慢，时间太长，踪迹渐渐消失了，追踪到第三天

东方发白时，铁木真发现正前方有一群马，晨光熹微中，那些马身强力壮，皮毛光滑如神龙。一位英俊少年正在一匹马的胯下熟练地挤奶。

显然，这是一个大户人家，用蒙古人的评价标准则是伯颜，也就是富豪的意思。

小富豪看到铁木真骑着一匹不中用的马，风尘仆仆，知道必有事，他主动上来问询。铁木真说："你最近是否看到有三个人骑着三匹马、赶着八匹马从此路过？八匹马中有一匹银灰色的，特别醒目。"

小富豪不假思索地回答："看到过，就在天亮前。"他指着太阳升起的地方说，"朝那儿去了"。

铁木真说了声感谢，准备向着太阳即将升起的地方冲去，小富豪速度飞快、精准地抓住了他的缰绳，关切地问道："怎么回事？"

铁木真瞬间就从对方的话语中感受到了古道热肠和侠骨柔情，他把事情大致说了一遍，小富豪就夸张地暴跳起来。这并不怪他，因为在草原上，盗马不仅触犯刑法，还是在挑战淳朴的草原道德。在草原上，盗一匹马被捉到后就要赔偿九匹马，盗马人还要受肉刑。在草原上，盗马贼猪狗不如。

小富豪拍着胸脯，激动地对铁木真说："你这事我管定了，我和你一起去。"

有些人一旦下定决心，没有别人可以拦下来。小富豪的仗义让铁木真至为感动，除了同意他的加入，没有别的办法。

　　小富豪扔了马奶桶，挑了一匹看上去最强壮的马，动作麻利地跳上马背，向铁木真使个出发的眼神，一踢马肚子，先跃了出去。突然，他勒了缰绳又折回。他跳下马，在他的马群里仔细地搜索半天，牵出一匹浑身黑如煤炭的良马。他对铁木真说："你那匹马不好，骑这匹。"

　　此时的铁木真也顾不得推让，麻利地换了马，二人骑上马向着太阳升起的地方飞奔。

　　在路上，二人闲聊。

　　小富豪自称博尔术，是附近名声很大的富豪纳忽的独生子。铁木真报上姓名，博尔术惊喜道："我听到过你的名字！你的父亲、你一家被部落抛弃后的艰苦生活我都知道，想不到你居然有了九

匹马。"

铁木真很谦虚，又很自卑，他说："哪里有九匹马？现在只有一匹了。"

博尔术扯着嗓子说："铁木真兄弟，你放心，我肯定帮你找到马！"

二人互望一眼，心里已结下坚如磐石的友情。

寻马异常辛苦，他们在草原上奔波了两天，也没有见到盗马贼的影子。博尔术有点焦急，倒是铁木真劝他冷静。博尔术对铁木真表现出来的镇定从容大为叹服，第三天太阳落山时，长生天不负苦心人，二人终于在一座小山丘上看到了一个营地，营地外面拴着至少有十匹马，博尔术兴奋得几乎要在马背上翻跟头，铁木真却让他安静一下，他定睛细看，果然看到了自家银灰色的马，正在气定神闲地吃草。

铁木真观察了营地周围的环境，发现对方没有警戒，于是对博尔术说："朋友！那正是我的马，你在这里等我，我去偷偷把它们驱赶出来。"

博尔术急了："我是来和你并肩战斗的，你却让我在这里傻站着，这不是对待朋友的态度啊！"

铁木真劝他的新朋友："这是有风险的，万一在驱赶马匹时被他们发现，他们肯定会用武力对付我。"

博尔术大叫起来："我当然知道有风险，所以才不能让你独自去冒险。如果我怕风险，早就不来了。"

铁木真见博尔术如此执拗，只好答应。二人小心翼翼地骑到营地马群边，解开了那八匹马的缰绳。听到帐篷里饮酒作乐的喊叫声，二人的心都提到嗓子眼了，几乎是闭着眼把马驱赶到营地之外的。当听不到帐篷里的人声后，二人加快了驱赶的速度，马儿奔跑起来，大地震颤。

博尔术偶然一回头，叫了一声："不好，他们追出来了！"

铁木真也回头，看到两匹马飞奔而来。他听到博尔术说："朋友，给我你的弓箭，我断后。"

铁木真勒住马，从身后取出弓，又从腰间取出那支札木合送给他的响箭搭到弓上，几乎是用命令的口吻对博尔术说："你走！"

博尔术像是中了咒语一样，身不由己地转身就走。

两个盗马贼已进入射程，铁木真瞄准了其中一个，那人发现了，急忙勒住马，盯着铁木真。铁木真大吼一声，抬手把箭射向天空，那支箭发出凄厉的叫声，穿上云霄，过了一会儿，又带着凄厉的叫声如一道闪电从天而降，顺着盗马贼的马脸垂直地插进草地，箭杆犹在震颤。盗马贼叫了一声，隐约看到铁木真又去腰中取箭，扭头就跑。

他们当然见过很多种箭，但没有见过这样从天而降、险些要了他们命的箭。

铁木真等他们跑远了，驱马取回那支箭，对着盗马贼的营地冷笑一声，掉转马头和博尔术会合去了。

博尔术现在对铁木真已是喜爱加钦佩，他暗暗发誓要把铁木真当成他此生最好的朋友。铁木真给他看那支箭时，他惊异地发现箭镞是铁制的，光滑锋利。在当时的蒙古草原上，铁制箭镞非常少，博尔术欣喜地摩挲着那支箭，铁木真看着他孩童般的新奇，淡淡地说："将来这种箭在我的部落里会越来越多！"

三天后，轻车熟路的博尔术和铁木真回到了博尔术的家。博尔术的老爹纳忽从帐篷里蹿了出来，脸上布满焦急和惊喜。

纳忽把儿子博尔术用力地搂进怀里，眼泪哗哗，随后嗔怒道："你这个臭小子，一走就是六天，什么事这样着急，连个招呼都不打？"

博尔术阳光的脸上现出自豪的笑容，他对父亲说："如果我告诉你，你肯定会阻止我，这样我就结交不了铁木真这个朋友了。"

纳忽这才看到铁木真，铁木真那种隐隐约约的领袖气质打动了他。吃饭时，他对两人说："你二人既然已是朋友，以后就该彼此照顾，不要闹翻，友谊要地久天长。"

二人连连点头。第二天，铁木真要走，博尔术并不挽留，因为他知道对一个穷苦人家来说，丢失八匹马后，人人都会彻夜不眠。

临行前，铁木真为了感谢博尔术的慷慨相助，要给博尔术四匹马。博尔术断然拒绝。他说："我帮助你，是因为对你同情和友好，不是为了你的财产。况且我的财产多如山，怎么可以要你的东西呢？"

铁木真握紧博尔术的手，博尔术反握过来，说："以后有事就说话，我义不容辞。"

博尔术果然没有食言，几年后，他就自带军粮和士兵投靠了铁木真，心甘情愿地成了铁木真的下属。

有些事可能是天注定，就如博尔术一见倾心铁木真。这大概只能解释为，那些伟大的领袖人物天生就有一种气质，它如同一块磁石，吸引着周围的坚铁。

当铁木真骑着那匹劣马、赶着另外八匹马出现在营地时，蒙古包沸腾了。他的母亲和弟弟们担惊受怕了近十天，如今，终于盼回了铁木真，更使他们欣喜如狂的是，八匹马也毫发无损地回来了。

铁木真再一次成为家族的英雄人物，从他那双犀利的眼睛随时闪耀着的摄人心魄的光芒中，人人都预料到，这位乞颜部少年酋长的领袖地位已无法动摇。

马背上撑起的游牧文明

08

当牧民在辽阔的空间策马驰骋时，便会产生一种起伏的节奏；当人们沉浸在这种节奏中时，人与自然的律动都会合拍起来。此时，人就会感到不仅抖落了现实社会强加给自己的约束，而且化解了平日里自然和人的对立。

　　古代游牧民族驯服了马，其意义不亚于当今发明了火箭和航天飞机。马使游牧民族增大了活动量，增添了冲杀搏击的勇气，加大了力的强度，使地面上的人和马背上的人有了不同的质变。骑手和马构成了一幅英雄的画面，草原上不断展现这样的画面，这对牧人的精神是最好的陶冶。当无数个画面汇集在一起并以一

个群体出现时，那种凌厉之势给人类带来了多大的胆气和力量！
史诗中的英雄、文学中的骑士、社会中的武士，都是人、马、剑
的结合，而这种结合又给人类带来了多少浪漫的遐想！人有了马，
就能在更高的层面上施展平生的抱负。马强化了牧民好动的性格，
马平添了牧民狩猎的威力，马营造了牧民休憩的乐园。许多游牧

民族都把马背和女性的胸怀，当作寻找人生幸福的地方。

蒙古人的音乐、舞蹈、史诗，无一不和马结缘，离开了马，蒙古文化就会显现出巨大的空白。在游牧民族中，马成了衡量人的"档次"的尺度，那些自视为强者的男性都喜爱举行赛马活动，因为这种活动中能显露出他们的英姿，而且人们就是用赛马的等次确定人们的优劣。

牧人喜欢马，还因为这种动物身上有许多让牧人喜欢的东西，用牧民的话来说，马通人性。把蒙古文化说成是马文化，一点也不夸张。在他们的词汇中，有关马的单词是最丰富的。不同口齿的马有不同的名称，不同色彩的马有不同的名称。他们对马的观察达到细致入微的地步。他们把骏马当作好的比喻，总是献给勇敢健壮的青年人，而青年人也把马当作自己的骄傲。他们常说："马给我添上了翅膀"。

马的性情是暴烈和刚勇的，游牧民族长久与马相处，就会渐

渐被马的气质感染，具有类似马的禀性，威尔斯在《世界史纲》中引用了拉策尔的一段形容中亚游牧民族性格的话："地道的中亚牧民的性格是拙于口才，坦率、粗犷而天性善良，自豪……"这里反映的，正是马背民族的性格。千百年来，游牧民族的生态环境虽然发生了各种变化，但牧民对马的感情始终如一。

当牧民在辽阔的空间策马驰骋时，便会产生一种起伏的节奏；当人们沉浸在这种节奏中时，人与自然的律动都会合拍起来。此时，人就会感到不仅抖落了现实社会强加给自己的约束，而且化解了平日里自然和人的对立。

蒙古族视马为神圣的伙伴，他们就像离不开太阳和月亮一样离不开马。在平素，他们虔诚供奉的是"玛尼洪"旗帜上的九匹神马图，把马视为终身最亲密的伙伴。马背民族视马褂、马靴为最庄重的服饰，认为马奶酒是最纯洁吉祥之食物，赛马是草原上最欢乐的体育比赛，马头琴的演奏是世上最动听的音乐。

我们从远古的英雄史诗《江格尔》中，可以看到一段对骏马的赞歌，那匹骏马的名字叫"阿兰扎尔"：

阿兰扎尔的身躯，

阿尔泰杭盖山方可匹敌；

阿兰扎尔的胸脯，

雄狮一样隆起；

阿兰扎尔的腰背，

猛虎一般健美；

阿兰扎尔的毛色，

鲜红欲滴；

阿兰扎尔八十一度的长尾，

翘立如飞，

阿兰扎尔跑起来，

疾风闪电都不能相比。

阿兰扎尔的脖颈八度长，

天鹅的脖颈一样秀丽。

阿兰扎尔的鬃毛，
湖中的睡莲一样柔媚。
阿兰扎尔的两条前腿，
山上的红松一样峭拔。
阿兰扎尔的双耳，
精雕的石瓶一样名贵。
阿兰扎尔的牙齿，
纯钢的钢刀一样锋利。
阿兰扎尔的双唇，
比鹰隼的双唇还艳丽。

阿兰扎尔的四蹄，

如钢似铁。

阿兰扎尔的眼睛，

比苍鹰的眼睛还要敏锐。

　　而《成吉思汗的两匹骏马》，叙述的是一个感人而圣洁的故事：有一天，成吉思汗的坐骑额尔莫格的骒马（长有犬牙的牝马），生下一对扎格勒（灰色相杂）的牡驹。圣主成吉思汗设法让它们喝了十匹骒马的乳汁，安然度过冬季。年方足岁就开始调教乘骑，三岁便披挂鞍鞴，骑着前去围猎。在围猎中，两匹骏马总是表现抢眼，次次杀死盘羊、灰狼等成群野兽。可是十万猎军中，从来没有一个人夸奖它们。一次，小骏马狩猎归来，心情悲恸，不愿忍受这种歧视和屈辱，便向大骏马提议离乡远遁。大骏马苦苦相劝，说甘愿负屈受苦，也不忍离开亲朋。小骏马不听劝阻，扔下大骏马，独自向古尔本查布其地方奔去。大骏马不忍弟弟独往，于是便追了上来，相劝无效，只好随小骏马逃奔。成吉思汗得知两匹骏马逃走，亲率十万大军追捕，最终没能追上。

两匹骏马逃到阿尔泰山度过了四年时光，小骏马无忧无虑，吃得膘满肉肥；而大骏马因思念圣主和亲朋，水草难进，身体越来越糟。小骏马出于手足之情，答应兄长一起回到圣主的马群里。成吉思汗听说两匹骏马返群，慌忙迎接，并热情地向它们问安。当小骏马回答了为什么逃走之后，成吉思汗将小骏马撒群八年，吊练八个月，又参加了围猎，大小骏马的神勇受到十万猎军的称赞，两匹骏马终于得到满足。后来，成吉思汗加封两匹骏马为"神马"。

循着这个故事，在鄂尔多斯草原上传唱一首悠扬的民歌——《圣主的两匹骏马》：

圣主的两匹骏马哟，

那匹小的骏马还在就好。

阿尔泰杭盖是大地之高处，

两匹骏马是苍天的驹子，

没含过冰冷嚼子的骏马，

没鞴过汗湿屉子的骏马。

没吃过泥土草的骏马，

没喝过污浊水的骏马。

阿鲁杭盖是马群的牧地，

两匹骏马是玉帝天驹。

蒙古族赞马的歌有如天上的星星，数不完。有这样一首赞马
的歌广为传唱：

要骑的马是柏树湾的良驹，

所备的鞍是檀香木的质地，

脚踩的镫是四雄图的银环，

缚马的嚼是八两重的金石，

手持的鞭是虎皮做的柄把，

绊马的是鹿皮制的羁套。

马背民族对马的赞颂是永远也唱不完的，无论是赛马、远行
还是举行婚礼，在不同的场合有不同的赞马词。有一首鄂尔多斯
蒙古族婚礼中的《骏马赞》是这样赞美马的：

在那金色的世界上，

你荡起的一溜烟尘，

就像浩渺的天空下，

升起了长长的彩虹。

你跑到哪里，

哪里就留下芳名。

你让谁人骑乘，

他就能百战百胜。

你像是主人家里万世不朽的金果，

你像是英雄身边永远牢固的银镫。

你的骑士长生不老，

你的畜群繁衍不尽。

跨在你的背上的主人哟，

永远幸福安康。

草原游牧民族对于草场和牲畜的感念，数不胜数。将马作为神圣的代表，说明马背民族对马的特殊感情。

马为游牧民族插上了飞翔的翅膀，而他们对马也是关怀备至，甚至对马的热爱在其他动物的身上得到了推及。在草原上，有关保护动物的习俗是说不完的。大雁从天上落到草原，往往就在草窝里下蛋，这会引起孩子们的好奇。老额吉只许孩子们站在远处观看，绝不让他们靠近鸟蛋。她会认真地告诫孩子们："你们的影子一遮住鸟窝，大雁就不要小雁了！"游牧民族与动物和谐相依的关系不仅在生活中得到了体现，在法律条文中得到了规定，还在文学作品中得到了传承。对家畜给予无微不至的关怀，与它们建立了朋友般的亲密关系，就是马背民族的独特文化。

纵横捭阖的草原骁骑

09

从军兵种的视角分析的话，骑兵是草原民族最主要的军兵种，骑兵部队的战术灵活性与战略快速移动性是夺取战争胜利的保证。

过去一百年来，西方人眼里的蒙古人形象非常扭曲。一知半解的传闻，让蒙古人身影朦胧。在成吉思汗铁骑踏遍欧洲大陆，以及卡庇尼冒险深入大漠以前，蒙古人在西方人的概念里，更是一片空白。那时的欧洲人根本没有见过蒙古人，也不知道在东方有这样一个游牧民族，直到成吉思汗的骑兵疾风骤雨般闯进欧洲。这支无坚不摧的部队，究竟是从哪里来的？欧洲人莫衷一是。有一种传说恰好跟消失的湖泊相反，当时的欧洲人认为地球裂了一条缝，蒙古人是从冥府冲出来的。其实，这支部队只是蒙古大军的一支偏师。成吉思汗命令速不台率领一批族人远征欧洲，用意是在试探。军事史学家哈

特的盖棺之论是：这个种族虽然敝陋，但是，将领的战略眼光足
以与拿破仑争辉。速不台没有任何外援，在欧亚大陆来去纵横，
时间长达两年，他沿着里海长征五千英里，沿路二十几个国家望
风披靡，连俄罗斯大公联军也不堪一击。退兵的时候，纪律严明，
不惊不扰……（提姆·谢韦伦《寻找成吉思汗》）

　　游牧经济是游牧民族最主要的经济形态，这种经济的特点就
是游动性。这种经济形态可以给战争培养勇于征战的勇猛骑士、
可靠的后勤保障和数量充裕、训练有素、能够吃苦耐劳的良种马
匹。从后勤保障来看，游牧民族在战争中不需要特殊补给，五畜
及所产的肉、奶制品，另加少量捕杀野生动物，就能满足他们的
全部生存所需。

　　南宋人赵珙在《蒙鞑备录》中说："鞑人地饶水草，宜羊马，
其为生涯，止是饮马乳以塞饥渴。凡一牝马之乳，可饱三人。出

入止饮马乳，或宰羊为粮，故彼国中有一马者，必有六七羊，谓如有百马者，必有六七百羊群也。如出征于中国，食羊尽，则射兔鹿野豕为食，故屯数十万之师，不举烟火。"与"兵马未动、粮草先行"的中原步兵作战体制相比，草原军事体制极为简便：战争中，作为补给的牲畜始终与军队同行，避免了军需物资被敌人抢夺的危险。几百头乃至上千头的牲畜可以由一两人控制，避免了用大量人力搬运的麻烦。可以说，草原骑兵与草原牧民日常生活一样，都具有逐水草而居，维持动植物多样性的特点，这是游牧民族的战争优势。

从军兵种的视角分析的话，骑兵是游牧民族最主要的军兵种，骑兵部队的战术灵活性与战略快速移动性是夺取战争胜利的保证。在战争中，草原骑士历来回避肉搏战，总是在运动战中消灭敌人的有生力量。在既没有制空权，又没有大炮、火箭的冷兵器时代，骑兵部队是最具灵活性的部队，而骑士的弓箭是最具远程杀伤力的武器。

为了更好地发挥骑兵的灵活性和弓箭的杀伤力，草原骑兵力求在辽阔平原或草原地带作战，因为他们

可以发挥速度优势，三三两两地分散开，形成对敌人的包围态势；也可以迅速集结几百、几千乃至几万人的大部队发动总攻。在近距离作战以前，他们在策马奔驰中用弓箭消灭远处的敌人。

实施进攻战、运动战，除了具有能够攻克坚城要塞的武器，还有一个非常重要的原因，那就是游牧经济对军事行动的有力后勤保障，以及草原民族全民皆兵。在攻城拔寨时，草原骑兵千方百计地把敌人引诱到平坦地带，进而歼灭。在做出佯败等姿势远距离退却时，骑兵部队每人预备4—6匹战马，在短短数日内远离城塞，使敌人疑惑不解乃至放松警惕。不久，骑兵部队又突然出现，轻而易举地占领坚城要塞。

显然，平坦地带与辽阔草原使骑兵部队可以尽情发挥快速灵活的优势，以闪电般的进退速度，在迂回包抄、佯败诱敌中消灭敌人的有生力量。因为只有在这种空间，骑兵部队才能发挥自己的优势，夺取战争的胜利。

从军事与政治、宗教信仰、饮食习俗乃至体育娱乐等方面，处处可以看到冷兵器时代草原骑兵巨大的优越性。特别在军事与政治的关系方面，游牧民族军政一体、兵民一体，合一简约，效率极高。

治国便是治军，治军便是治民，其中，草原习惯法是严明国法军纪民约的利器。这种军民一体的独特体制，发展到蒙古帝国时期演变为千户制，成吉思汗将蒙古高原上的百姓编制为95个千户。虽说千户之上还有万户，其下还有百户、十户等级别，但千户是蒙古帝国

成吉思汗蒙古军草原攻战图

的基本军政机构，千户长直接听从大汗指挥。战时，千户长接到大汗指令后立即在本管辖地域动员、召集所属军队，使人们尽快进入战争状态；摊派军需物资，包括马匹、武器、驮运或负载用各类车辆工具，直至绳索、针线等。战争开始后，千户长以独立编制或复合编制的形式指挥部队作战，以大汗的名义发出号令，严明军纪，任何人在任何环节上出现差错，都会受到追究与严惩。

千户制是草原游牧民族极为简便而效率极高的军政一体化体制，它保证了军队集结的快速性、武器装备上的充足性和行军作战的组织纪律性。传统的草原民主协商机制，则为制定行之有效的战略战术提供了集体智慧支持。在此基础上形成的铁的纪律与统一的意志，为战争的最后胜利奠定了基础。

从军事与体育娱乐的关系上看，草原民族极为重视骑射，他们自孩提时代就开始自觉地培养骑射本领。据《黑鞑事略》记载："其骑射，则孩时绳束以板，络之马上，随母出入。三岁，以索维之鞍，俾手有所执，从众驰骋；四五岁，挟小弓短矢……"

从军事与饮食习俗的关系看，乳肉是草原民族的主要食物，乳肉与农作物相比，能为饮食者提供更为充足的营养，马奶酒能抵御风寒，从而保障征战中将士们的持久的作战体力和良好的精神状态。

长距离奔袭作战时，骑兵部队能够长时间连续驰骋，日夜兼程。奔袭中的骑兵不断轮换马匹，使马匹得到休息，人能够迅速抵达目的地。

由此可见，蒙古骁骑的神奇速度与强大的打击力，都是以草原民族传统文化为依托的。

高调奢华的马具

10

草原民族的马具十分讲究，种类有马绊、马嚼、马笼头、马肚带、马护额、马鞭、马镫、马鞍、系马绳、套马杆、套马索、刮汗板等，材质有金、银、玉等贵重材料。可以说，在草原上马具是所有牧畜用具中最多，也是最奢华的，一套上乘的马具可以说是价值连城。

自从人骑上马背，人类社会就跨入了一个新的历史阶段。从此，人类在生产生活中，不仅达到了一个新的高度，也产生了新的速度。新的高度提升了人的安全系数，新的速度则极大地提升了人的攻击和防御能力。由此，牧人的生存半径与质量都得到了扩展与提高。骑上马背之前，是野兽追赶人；骑上马背之后，则是人追赶野兽。这个世界完全颠倒过来了，人逐渐成为万物的灵长，成为世界的主宰。

蒙古人在马背上成长，马就是蒙古人的摇篮。蒙古人认为，马是世界上最完美、最善解人意的牲畜。蒙古人视马为牧人的朋友，马以头为尊贵，蒙古人严禁打马头，不准辱骂马，不准两个人骑一匹马，秋天抓膘期不准骑马狂奔让马出汗。马倌、骑手要随身携带刮汗板、刷子，随时为骑乘的马刷洗身子、刮除马汗，为马舒筋活血、放松肌肉、消除疲劳，同时，这也是主人与马增进感情的途径。牧马人说："为马刮一刮，刨一刨，胜似喂精料"。

以马为核心的创造性活动，推动了人类文明进程。以马具的产生和发展为例，考古资料显示：马嚼子最初是骨质或木质，到青铜时代和铁器时代，便出现了坚固的铜嚼子或铁嚼子，意味着游牧先民马背生涯的开始，加速了蒙古族踏入文明社会的步伐，具有划时代意义；马镫是在距今一千七百多年以前由中国古代北方游牧民族鲜卑人发明的。考古学家在我国辽宁朝阳的一座鲜卑贵族墓中发现大批马具，其中包括马甲、马鞍和一件鎏金铜马镫，这是目前已知世界上最早的马镫。马镫先为绳索或木质，被青铜或铁取而代之后传入中原和欧洲，不论对牧民还是对整个世界来说都是一次飞跃，有了马镫才可以解放骑士的双手，依靠腿部进行迁徙与征战；在阴山岩画中就有草原牧民骑射围猎、奔驰战斗、马拉车等场面，这就是

有文字之前的图画。

游牧民族的马具十分讲究，种类有马绊、马嚼、马笼头、马肚带、马护额、马鞭、马镫、马鞍、系马绳、套马杆、套马索、刮汗板等，材质有金、银、玉等贵重材料。可以说，在草原上马具是所有牧畜用具中最多，也是最奢华的，一套上乘的马具可以说是价值连城。草原俗语说：高贵的女人看头饰，高贵的男人看马鞍，这也是传统牧民的审美标准。

赤峰地区曾出土契丹人的一套金马鞍具。马鞍金碧辉煌，中间彩绘着升腾的火焰，一旁是腾云驾雾的龙纹，整体饰件奢华，做工精美，彰显主人身份的高贵。

马被驯化后，在马背上如何稳定身体是一个大问题。古代波斯人、亚述人、埃及人和古罗马人、巴比伦人甚至中国北方草原上的游牧部族都没能解决这个问题。在成吉思汗

的草原帝国建立的 800 多年前，建立北魏政权的拓跋鲜卑，于公元 1 世纪从大兴安岭森林来到呼伦贝尔草原，在此生活了 200 多年，当林地生活经验和冶铁技术集于鲜卑人身上时，鲜卑人便在呼伦贝尔草原发明了马镫，为草原乃至整个世界贡献出一项伟大的发明。马镫的发明让勇猛善战的拓跋鲜卑南征北战纵横无敌，他们在公元 3 世纪中后期，不仅占据了从呼伦贝尔草原到青藏高原东南部的整个中国北方草原，还一路南下，建立了北魏政权。

马镫的出现，开创了人类历史的新局面。马镫能使人在马背上站坐自如，双手得到了解放。可以说，中世纪的曙光是在草原上泛白，在马镫上升起的。

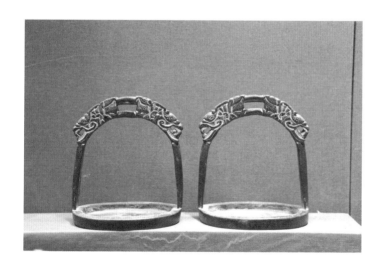

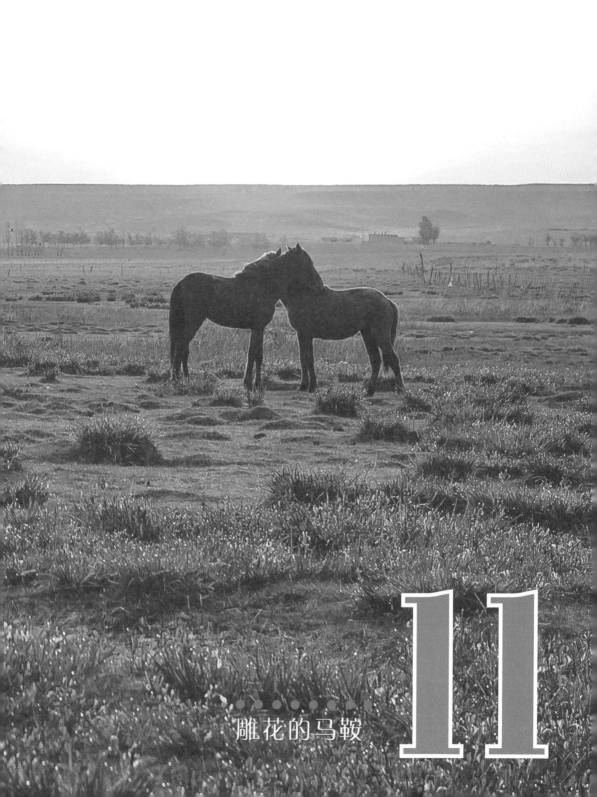

11

雕花的马鞍

　　蒙古牧人做好一副称心如意的马鞍，就像汉族农民得到一块好的土地一样，是件非常惬意和隆重的事。

　　蒙古民族素有"马背民族"的美称，在漫长的历史长河中，蒙古民族马文化与能征善战的蒙古人民一同载入史册。如果说北方草原是蒙古人的摇篮和天下，那么骏马就是蒙古人打天下的主要工具。

　　蒙古人离开马背，犹如鸟之失翼，车之折轮，英雄没有了用

武之地。马鞍，这一伟大的发明，将英雄与骏马紧紧地连在了一起。它使得蒙古民族跃上马背，造就了所向无敌的战斗力，取得了震撼世界的辉煌战功。因此，在游牧文明的历史与光荣里，马鞍写下了浓墨重彩的一笔。在古代，马鞍的优劣，甚至能体现主人的身份和地位。这种浓厚的社会氛围和历史传统，自然地孕育了博大的鞍马文化。

不同类型的马，要用不同的马鞍。例如，走马的马鞍宽大平缓，跑马的马鞍则窄小轻便。

"保罗长大之后，就没有再骑过马了，因此，虽然我先前警告过他，但是当他见到蒙古的马鞍，还是吃了一惊。西方人实在很难适应这种蒙古马鞍：头尾向上翘起，窄而高，而且还是木头做的，跟在中国皇帝陵寝中发现的马鞍，几乎一模一样。牧民提起他们手制的马鞍就得意扬扬，觉得那是艺术的结晶。马鞍上面有精心的彩绘，还用红丝绒盖着——他们最喜欢的颜色是鲜亮的橘红色，而且用大量的白银镶边、铸成各式各样的小装饰。装饰多半只有两英寸宽、一英寸高，摆放的位置恰好是大腿贴到马鞍上的地方，任谁骑上这种马鞍，都会被磨得哇哇叫，大概只有蒙古牧民受得了，他们一辈子都在马背上讨生活，早就百毒不侵了。那几个菜鸟或城市艺术家还没资格骑这种马鞍，他们用的是政府配发的标准马鞍，木板上有两圈铁，铺着一层薄薄的毛皮，比起传统马鞍来，也舒服不到哪去。"（提姆·谢韦伦《寻找成吉思汗》）

在成吉思汗陵旅游景区蒙古历史文化博物馆，秩序井然地陈列着 206 副马鞍及

配套鞍具，吸引很多游客关注和驻足。这206副马鞍集中体现了马背民族历史文化的精深内涵，以实物的层面精彩阐释了蒙古民族的鞍马文化。

马鞍对蒙古民族来说不仅是骑马的必备之物，而且是骑手和马的重要装饰物，已形成独特的装饰艺术。博物馆收藏的这批马鞍中，就质地而言，主要有景泰蓝、鲨鱼皮、黄白铜、影子木和铁质；从工艺上区分，有掐丝珐琅彩、骨质镶嵌纹、铁错金银铜、鲨鱼皮彩绘；就民俗图案来讲，有万寿无疆、五福捧寿、平平安安、节节高升等。

而在形制上，博物馆根据不同的地域和背景收集了多种多样的马鞍，大尾鞍、小尾鞍、鹰式鞍、人字鞍等；又因为蒙古民族早期信仰萨满教，元代以后普遍信仰喇嘛教，所以，馆内萨满鞍和喇嘛鞍都有展示；而从用途上看，又可分为生活鞍、放牧鞍、狩猎鞍、礼仪鞍等，不一而足。

论起工艺，馆内收藏的清代马鞍都可称得上是艺术品。随着金属工艺的发展，清代时制作马鞍的技术相当发达，用金银铜等金属制作的马鞍数量众多，有些马鞍是专门为满足王公贵族们的奢侈生活需要的，不仅质地考究，工艺精湛，而且造型多样，民俗图案也丰富多彩。其中非常有代表意义的"蒙古王爷

鲨鱼皮景泰蓝马鞍

福晋对儿鞍"是博物馆典藏的精品，其中王爷鞍为"镶鹿骨影子木马鞍"，胎木采用百年树根，经过河水反复浸泡、晾干后，手工雕刻而成。正面以鹿骨镶嵌成一对蝙蝠和一枚铜钱花纹，蕴含"福在眼前"的美好祝愿，前后16根皮质鞘绳更使整个马鞍彰显贵族风范；福晋鞍为"掐丝珐琅彩马鞍"，整体以孔雀蓝掐丝珐琅工艺包裹璀璨夺目，不漏一隙木胎，正面纹饰很有意境，是喜鹊安然栖于梅树之上，寓意"喜上眉梢"。

很多人不知道，蒙古民族还有独特的马鞍礼俗。蒙古牧人做好一副称心如意的马鞍，就像汉族农民得到一块好的土地一样，是件非常惬意和隆重的事。为了做一副满意的马鞍，蒙古人甚至要准备许多年。普通牧民较好的马鞍，能抵上几头带犊乳牛、带驹骒马的价格。每当他们做成一副好马鞍的时候，就要选择良辰吉日，把左邻右舍和亲戚本家请来，大摆宴席，加以祝赞。

据有关专家学者介绍，这个博物馆是目前国内外收集蒙古式马鞍最多、最好的博物馆，堪称世界之最。可以说，蒙古民族是游牧文化的集大成者，马鞍是蒙古文化的有机组成部分，也是蒙古人尊崇的重要物件，是蒙古民族在生活实践中创造的别于其他民族的独特文化。

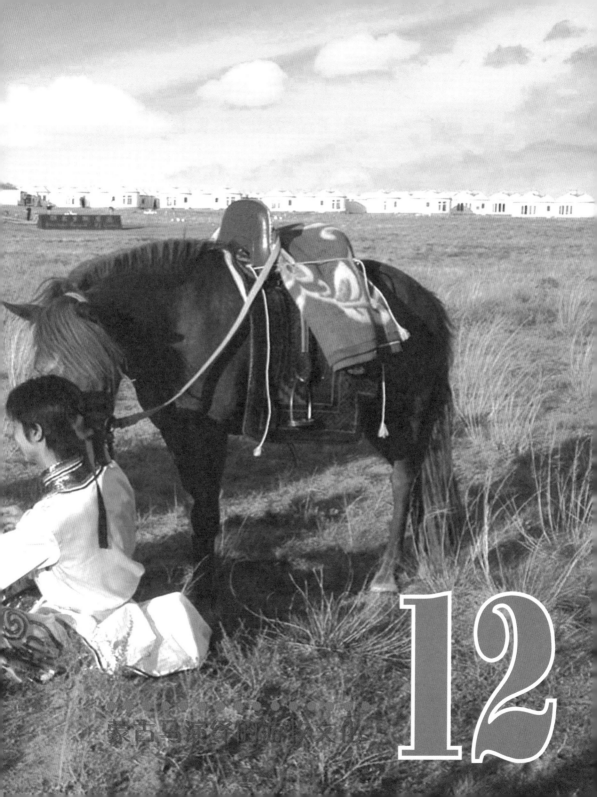

12

蒙古人通过与马的接触，不断蓄积这种力量，创造了一个又一个人类文化的奇迹。

蒙古马是世界 250 多个马品种中的一种，很早以前就生活在中亚北部广阔的草原上。蒙古马与蒙古人最早结缘，蒙古马的名称也源于蒙古人与他们赖以生存的蒙古草原，以"马背民族"之称谓蜚声世界的蒙古族和蒙古族文化，大多数情况下也是以马为载体体现的。

蒙古马是源于蒙古高原的野马，蒙古人称它为"铁赫"。蒙古马的形象已经被深深镌刻在牧人的心中。蒙古人与马结缘，历时长久，在他们还未开始驯养马的时候就已经崇拜马了，那时人们羡慕马的速度和力量，渐渐地，人们开始驯养马。

马的灵性，对人们生活的作用，特别是对游牧民族的作用，其他任何牲畜都无法代替。无论是作为行走的工具，还是战争中的坐骑，马所起到的作用都是无可比拟的。

蒙古马性烈、剽悍，对主人却十分忠诚，主人如果受伤、醉酒，只要把他放在马背上，它就会十分温顺地驮着主人将他送回家；在赛场上，它会按照主人的意愿拼死向终点奔跑，为了主人的荣誉，它会拼尽最后气力，宁愿倒地绝命也不会中途放弃比赛。作为游牧民族只有和马在一起的时候才能激发他们的本性和热情，那种原本的野性因子才能得到释放。

蒙古人通过与马的接触，不断蓄积这种力量，创造了一个又一个人类文化的奇迹。

马有义畜的美誉。马与其他牲畜不同，儿马不与自己的直系亲缘交配。待自己的"儿女"长大成熟，儿马会将它们逐出自己的马群。一个儿马拥有 30—50 匹骒马，骒马群的秩序、安全，都由儿马来管理，如有其他儿马敢冒大不韪，侵入自己的骒马群，它就会扬鬃奋蹄教训它一顿。蒙古人在同马长期依存的过程中，马的习性和禀赋

影响了他们的个性，勇往直前，奔腾不息，这就是蒙古民族的精神，也使蒙古马从自然的马到神马，最终成为马背民族的一种文化图腾。

鄂尔多斯高原上的成吉思汗陵，奉养着成吉思汗的神马温都根查干和两匹成吉思汗的白骏马，每年阴历三月二十一日，国内外成吉思汗的子孙们从四面八方云集到成吉思汗陵祭祀神马。这个仪式在忽必烈时便以法律的形式定下来，一直传承到现在。现在的这匹神马，是由二十年前成吉思汗的守陵人达尔扈特人找遍了鄂尔多斯七旗，才在盛产名马的乌审旗找到的，这是一匹一身雪白，四蹄纯黑，眼睛又黑又亮的儿马。据说当时儿马看到来访的达尔扈特人，又刨前蹄又嘶鸣。马的主人说，这匹马是阴历三月二十一日出生，马诞生时门前的湖面上升起一道彩虹。于是，达尔扈特人认定这就是苦苦寻觅的"温都根查干"。

马在人类的生存繁衍和发展的历程中，起到了比兄弟姐妹还重要的作用，体现了人与马不可替代的共生的关系，一种命运的联系。

赞美马是草原文化永恒的主题，马已深深地融入蒙古人的精神世界之中。蒙古人以马为主题的赞美诗、寓言故事、警句格言、民间传说、民歌、音乐、美术、雕塑数之不尽。

因为马的形体、马的精神、马的传说已经深深浸入了草原文化的骨髓。最美的草原诗篇由关于马的词汇构成；最美的草原歌舞中有马的身影与嘶鸣；最震撼人心的历史场景是由马的铁蹄铸成的。马使人产生超越感、冲动感，马促使人去掌控、好奇、张扬、征服，马背托付着游牧民族种种炽热的向往，构成了草原文化的灵魂。

在今天的草原上，牧民们仍然保留了许多与马有关的节日，例如，赛马节、马驹节、马奶节、打马鬃节、神马节等。当你走进内蒙古的鄂尔多斯高原，牧民的蒙古包前都树立着旗杆，上面

挂着画有奔马的图画，并用蒙古文写着"希望之马奔腾飞跃，我们的民族繁荣吉祥"等祝福的文字。在马背上随风飘扬的五彩旗中，蓝色象征昌盛，黄色象征地域，绿色象征生命，白色象征财富，红色象征美满，而这一切全是由神圣的骏马来托付。

改写世界版图的蒙古马

13

草原上的蒙古马不仅仅是一种生产生活的工具，也是草原牧民几千年来生死相依的伙伴和精神依托。

马蹄踏平了人与自然的隔绝界限，将不同世界、不同的人们组合起来，使各种文明成果能够广泛传播，让人类共享。在马蹄下，中华文明、印度文明、波斯文明以及古希腊文明、古罗马文明被连接起来。从春秋战国到近代，草原强大的骑兵在不断的改朝换代中充当着重要的角色。契丹人被女真人击败后，契丹残部200余人逃到漠北，他们找到了辽代所设的"群牧司"所在地，这里养有御马十万匹。正是有了这十万匹马，溃逃的契丹人东山再起，并迅速整合强大的骑兵，建立了强盛的西辽国。之后，这个王朝

又延续了两百多年，将中华文明传播到了中亚和西亚。

公元 1245 年，罗马教皇英诺森四世派意大利主教约翰·普兰诺·加宾尼前往蒙古帝国，希望蒙古帝国的首领停止他们对欧洲的征伐。两年半后，历经艰险的加宾尼终于回到法国里昂，向教皇呈交了他所见的关于鞑靼人的忠实记录。鞑靼人是当时欧洲人对蒙古人的称呼。这本记录，就是后来在欧洲影响深远的《出使蒙古记》。

欧洲人通过加宾尼的记录，发现他们眼中的"鞑靼"人，其实是与他们有着完全不同生活方式的另一族群，在他们的生活中，马占据重要的位置。"他们的小孩，刚刚两三岁时就开始骑马和驾驭马"；在下葬死者时，除了埋入一顶帐篷，"还埋入一匹母马和

它的小马、一匹具备马笼头和马鞍的马"。"靠在马鞭上，用马鞭碰到了箭"，都被他认为是极其罪恶的事情。

长途跋涉中，让加宾尼印象深刻的也是鞑靼人的马："我们的马不会像鞑靼人的马那样从雪下面挖掘出草来吃。"加宾尼正是在基辅换骑了这种马，才深入草原腹地的蒙古汗国首都哈剌和林。鞑靼人的马，也就是我们熟知的蒙古马。

草原上的蒙古马不仅仅是一种生产生活的工具，也是草原牧

《马可波罗游记》插图——马可波罗觐见忽必烈

民几千年来生死相依的伙伴和精神依托。生于斯长于斯的草原人，像他们久远的祖先一样，血液中流淌着对草原和骏马的无限深情。正是在这种血脉相连的传承中，才孕育了辉煌灿烂的草原文化。

20世纪60年代，历史学家翦伯赞在《内蒙访古》一文中这样评价呼伦贝尔草原："假如整个内蒙是游牧民族的历史舞台，那么这个草原就是这个历史舞台的后台。"而这个后台上的真正主角——游牧民族和他们的马，与草原相依为命、相厮相守的关系贯穿了游牧民族的全部历史。东胡、匈奴、鲜卑、柔然、室韦、突厥、回纥、契丹、女真、蒙古，这些游牧民族都曾如马一般，飞驰过呼伦贝尔的历史尘烟。山河梦断，时光流转，如今，这些游牧民族大多数已经湮没在史册尘埃中，唯有马还留在一望无际的大草原上。

广袤无际的草原上，蒙古马是上苍赐给成吉思汗最锋利的"武器"。虽然，蒙古马可以选择的青草种类繁多，但它们对草料的要求大大低于其他马种，且耐饥渴，这决定了蒙古骑兵可以破除"兵马未动，粮草先行"的常规，出其不意发起进攻。生活在草原上的蒙古族牧民和马相依千年，深谙驯马、骑乘、竞技等方面的诀

窍，一旦应召从军，都是善战的骑士。经他们调驯的蒙古马，既能持久奔驰，又通晓人性，坚贞忠诚。

有专家认为：近代各国普遍采用的义务兵制就源于马背民族。草原游牧民族上马能打仗，下马能劳作，战争、狩猎、生产、生活四位一体，不分不离，正所谓全民皆兵。

成吉思汗以十几万骑兵征服几十个国家和地区，创造了世界军事史上的奇迹。那时的蒙古军队全部由骑兵组成，没有一个步兵。在成吉思汗的军事才能中，他对蒙古马的运用达到出神入化的地步。为了让自己的铁骑军团战无不胜，成吉思汗研究出一兵多马的战术，每个蒙古骑兵都配备 2—5 匹马，这让蒙古骑兵成为"插上翅膀"的骁勇战士。同时，成吉思汗的将士和骑兵还练就了在马上吃喝、弹唱、开会，甚至与对手谈判、宣读汗旨的高超本领。成吉思汗还为传令兵定制了箭一般神速的传令体系。传令兵以每天一二百公里的速度，换马不换人地穿梭在各个驿站之间，创造了当时世界上最先进的驿站制度，为蒙古骑兵远征亚欧提供了全面、快捷的资讯。

《马可波罗游记》插图——元军平复草原乃颜版军

秦始皇靠修筑长城抵御北方草原骑兵，南宋皇帝靠江河湖海阻挡北方草原骑兵……中原皇帝们各种办法都想过了、试过了，但都没有能够有效阻挡草原骑兵的铁蹄。

如同古人所说的那样，草原骑兵

《马可波罗游记》插图——元军征讨云南掸族版军

"如云合电发，飚腾波流，驰突所至，日月为之夺明，丘陵为之摇震"。而且，如此开天辟地之态势可以不断地持续下去，是因为草原骑兵在马上饮食，马上休息，奔驰中换马不换人。这种强势的机动性，怎能不摧枯拉朽，横扫残云。

当成吉思汗率领他的将领和大批铁骑兵，骑着蒙古马在蒙古高原上驰骋征战时，蒙古马和蒙古人开始高度结合。正是这种结合，才使得成吉思汗在经过数年征战后，建立了横跨欧亚大陆的草原帝国。

在一望无际的大草原上，游牧民族曾经建立了一个又一个政权，伴随着金戈铁马的历史回音，草原骏马改写了世界版图。

故事链接：

班朱尼河盟誓

1203 年夏天，铁木真在班朱尼河畔感叹命运多舛时，一阵暴雨突然袭来，如同鸡蛋一样大的雨点把成吉思汗和他的战友们拍得哇哇怪叫。

少年时代的苦难重新回到铁木真的脑海，不过和从前一样，在面对苦难和绝境时，铁木真感叹完毕就恢复了自信。他和他的战友们说："风雨总会过去，阳光一定会来，长生天始终站在我们这一边！"

这是精神食粮，它和物质食粮是两码事。铁木真和他的战友们面对的是一片苦海：班朱尼河虽然称为河，其实只是几个烂泥塘，幸好他们人少、马匹少，所以水勉强够喝。至于吃的，他们是上顿不接下顿。

有一天，他们围坐一起开会，马儿皱着眉头在喝水，夏天的酷热袭来，他们光着上半身，大谈特谈草原世界的形势和格局。

铁木真激情四射，鼓舞大家的士气，他说："虽然现在没有多少人，但凭我多年来在草原世界的影响力，只要我一有动静，马上就有人跟随而来。"

刚刚投奔他的穆斯林商人阿三念了声"真主"说："我相信你，虽然我来的时间不长，但我从你身上看到了力量和前途，你就是'真主'最欣赏的人。"

阿三是西域回族人，几年前千里迢迢来到蒙古草原，见到铁木真，深深地被铁木真的人格魅力吸引。他的眼珠一动不动地盯着铁木真，手握得紧紧的，给人的感觉是，只要铁木真一声令下，他就能把班朱尼河的水喝光。

木华黎和博尔术等人接着阿三的话说："我的可汗，长生天保佑您，您有什么计划就说吧，我们誓死跟随您！"

铁木真说："我和合撒儿商量了，有个非常好的计划，可以击败王罕、消灭克烈部。"

大家乱哄哄起来，因为击败王罕、消灭克烈部在此时好像有点不大靠谱儿，除非他们有万夫不当之勇，有钢铁不死之身。

铁木真用手势制止了他们的互相议论，说："我说过，只要我们有所动作，就会有很多离开咱们的部落重新归来。我对此很有信心。"

众人又乱哄哄起来，铁木真又打手势让他们停止议论，但没有说话，而是看着泥坑那边，眼睛放着绿光。众人都顺着他眼神的方向看去："我的长生天！"一匹野马正在那里望向这边，眼睛里满是同情。

有几个人已经站了起来，直吞咽口水。好多天来，他们没沾到一点荤，快成兔子了。铁木真悄悄地下达了围攻的命令，所有人，包括体格单薄的阿三都拿起了弓箭。他们分散开，从八个方向悄无声息地接近了野马。

那匹野马好像没有意识到危险迫在眉睫，居然满怀深情地望着这群垂涎三尺的健儿。合撒儿最先接近，已把箭搭在弦上，凭他的射术，野马已注定是囊中之物。可当他拉满弓要射出时，野马突然动了，这一动就如子弹出膛，众人只感觉眼前起了一阵风，那匹野马就从阿三身旁飞掠过去，消失得无影无踪。

阿三已是魂不附体，呆若木鸡。

众人大失所望，唉声叹气。铁木真勒紧腰带，说："不要紧，野马的肉很难吃，比金国的酸菜还难吃。我们还是去搞点树皮来。阿三，你不是还有几张狐狸皮吗？拿出来吧，把毛拔掉，据说狐狸皮很有营养。"

阿三哆嗦着，去拿他的狐狸皮，这些狐狸皮是他准备换些貂皮和松鼠皮的，可他来得不是时候，所以他的狐狸皮从硬通货变成了食物。

第二天，他们又围在一起开会，商议如何对付王罕，会议开到一半时，合撒儿突然"嘿"了一声，看向远方。众人都随他的眼神望去，都"嘿"了起来：昨天跑掉的那匹野马在原地出现了，不差分毫。

众人哪里有心思开会，都爬起来，要第二次捉野马。铁木真拦住合撒儿说："它太狡猾，我们靠不近，你觉得箭能射到它吗？"

合撒儿估算了下距离说："可以，不过距离太远，射不死它。"

铁木真说："没关系，它受伤后跑不起来，我们就能捉到它了。"

合撒儿取出弓，搭上箭，稍稍瞄了一下，一箭射了过去。那匹野马嘶鸣了一声，甩了甩脑袋，大家都知道，中箭了。让他们惊讶的是，野马没有跑，而是在原地不动，仍然看着他们。

这一挑衅让众汉子发了怒，大家蜂拥而上。野马仍然没有动，这群人拔出刀，向野马捅去，野马也没有嘶鸣，倒下的时候，眼睛睁着，同情地看着他们。

没有人去想这匹野马的怪异之处，大家迅速剥了马皮。没有柴火烤肉，也没有锅来煮，他们只有依靠古老的烹饪技巧。剥了马皮之后，他们切碎马肉，并用马皮制成装肉和装水用的大皮囊，他们收集干的牲畜粪便生火，然而又不能将大皮囊直接放在火上。取而代之的是，他们把石头丢在火中加热，等到石头炽热的时候，把滚烫的石头丢到肉和水的混合物中去。石头把水加热，而水可以防止石头烧穿皮囊。数小时后，饥饿难耐的人们便大享煮熟的马肉了。

精疲力竭的人们没有安慰自己或对未来抱以希望，他们把野马现身当成是神的恩赐，而不仅仅只是果腹的食物。作为蒙古人社会中最重要的和最受尊敬的动物——马，可以用于隆重的庆祝场合，也可以作为神的介入和支持的象征。马，象征铁木真的命运之神，而作为任何主要战争之前或忽里台会议上的祭品，它不仅作为食物提供给大家，而且是在赋予铁木真的精神之旗以权威。在马肉聚餐的最后，只有班朱尼的浑水可饮，众人打着阵阵饱嗝跑到班朱尼河边打水喝。铁木真就在这时，一只手高高举起，另一只手则用敬酒的方式，举起他的杯子对众人说："今后必与诸将士共甘苦，如违背此誓言，将和这泥水一样被人唾弃。"说完，他自己先喝了一口，然后交给身边的人，大家都轮下去，到最后一人喝完时，杯子里就剩了一摊泥。众人喝完后发誓，永远不离开铁木真。

这就是历史上的"班朱尼河盟誓"，这19人后来成了铁木真的核心力量。

成吉思汗的蒙古铁骑

14

蒙古骑兵都是从当时训练得最好的士兵中选出的。他们从三四岁开始就被送入戈壁沙漠中的学校，进行严格的骑马射箭训练，因此，他们具有驾驭马匹和使用武器的惊人本领。

12 世纪末至 13 世纪初，由成吉思汗创建并由他的继承者保持了一支与众不同的骑兵部队。这支蒙古骑兵摆脱了欧洲传统军事思想的束缚，建立了世界上规模空前的宏伟帝国。这支军队的建立应归功于也速该·巴特尔之子——铁木真。

1206 年，蒙古各部落首领尊称他为成吉思汗，意为非凡的领袖。正是他把一个由于妒忌和连年不断的战争而分裂为许多部落的民族建成一个无往而不胜的军事组织。1211年，他在统一了蒙古的大部分地区后迅速占领了华北和朝鲜，在持续作战的过程中，成吉思汗发现单纯依靠骑兵无法攻占筑有高墙的城市，因此，向工匠学会了制造攻城机械和使用投石机、弹弩的方法。

成吉思汗认识到要统一

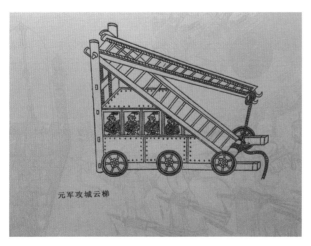

元军攻城云梯

中国这样辽阔的地区需要花费很长的时间。而且蒙古内部发生了
动乱，因此，只得留下少量部队后返回
蒙古。后来，他率领军队进攻波斯花剌
子模，并于1221年使之臣服。随后，成
吉思汗又派遣了一支大约20000人的军
队，在速不台和哲别将军的率领下穿过
高加索进入俄罗斯。1223年，蒙古军击
败了卡尔卡河岸的一支由俄罗斯人和土
库曼人（土库曼百姓在蒙古人越过高加
索前就逃走了）组成的军队，接着，又
跟卡马河流域的保加利亚军队遭遇并将
其击溃，然后向东折回。根据这次远征
收集到的大量情报，十五年后，成吉思
汗的后人制订出了征服欧洲的详细作战
计划。

　　蒙古军取得作战胜利的基础不是数
量而是质量。单一简洁的组织体制是其
军队的显著特征。标准的蒙古野战部队

由三个骑兵纵队组成。每个纵队有一万骑兵，大体相当于一个现代骑兵师。每个骑兵纵队包括 10 个骑兵团，每团 1000 人；每个骑兵团包括 10 个骑兵连，每连 100 人；每个骑兵连包括 10 个骑兵班，每班 10 人。所有骑兵一般都骑马作战，但是，假如许多马匹垮掉，那么一部分士兵就只好在骑马部队的掩护下立于马后射箭。

蒙古人在武器方面没有什么重大改革，不过对当时武器的使用方法作了一些创新。

典型的蒙古军队中大约有百分之四十是从事突击行动的重骑兵。他们全身披着盔甲，盔甲通常是皮制的，或者是从敌人那里缴来的锁子铠甲。他们头戴当时中国和拜占庭士兵通常用的简易头盔。重骑兵骑的马匹往往也披有少量皮制护甲。重骑兵的主要兵器是长枪，每个士兵还带一柄短弯刀或一根狼牙棒，挂在腰间，或者置于马鞍上。

蒙古军的百分之六十是轻骑兵，他们除了戴一头盔外，身上不披盔甲。轻骑兵的任务是侦察、掩护，为重骑兵提供火力支援，肃清残敌以及跟踪追击。轻骑兵的主要兵器是弓。这是一种很大的弓，至少需要 75 千克左右的拉力，射击距离为 200—300 米。他们身带两种箭，一种比较轻，箭头小而尖利，用于远射；另一种比较重，箭头大而宽，用于近战。跟重骑兵一样，他们也有一柄很重的短弯刀或狼牙棒，或者一根套索，有时还带一支头上带钩的标枪或长枪。

蒙古士兵在战斗开始前要披一件绸长袍。这种绸用生丝制成，编织得十分细密。成吉思汗发现箭很难穿透这种绸衣，只会连箭带布一同插进伤口。因此，医生只需将绸子拉出便可将箭头从伤口中拔出。

为了确保和加强机动性，每个蒙古骑兵都有一匹或几匹备用马。这些马紧跟在部队的后面，在行军过程中，甚至在战斗进行时都可以用来更换。换马是按接力的方式进行的，这样可以保证安全，对完成预定的任务影响最小。

蒙古骑兵都是从当时训练得最好的士兵中选出的。他们从三四岁开始就被送入戈壁沙漠中的学校，进行严格的骑马射箭训练，因此，他们具有驾驭马匹和使用武器的惊人本领。比如，他能在快速撤退时回头射击跟在他后面的敌人。他们很能吃苦和忍耐严酷的气候条件，不贪图安逸舒适和美味佳肴。他们体格强壮，只要一点点或者根本不需要医疗条件，就能保持身体健康，适应战斗的需要。随时服从命令是他们的天职，人人都能严守不怠。纪律已形成制度，这在中世纪时期别处还未有所闻。

骑兵所用的马匹也经过极其严格的训练。跟欧洲马匹不

同，蒙古马不论严冬酷暑都生活在野外，必要时可以连日行走而不吃一点东西，具有极强的忍耐力。它们能够在很短的时间内在最险恶的地形上越过长得几乎令人难以置信的距离。例如，1241年，速不台的先遣部队只用了三天时间就从鲁斯卡山口越过喀尔巴阡山脉，来到多瑙河流域的格兰附近，行程288公里，路上大部分地区有很深的积雪，而且是在敌人的国土上行军。

在战斗开始时，蒙古骑兵纵队通常摆开极宽的阵势高速向前冲去，各主要部队之间由传令兵传送信息。发现敌军后，附近所有的部队以此为目标实施突击。这时，有关敌人的位置、兵力、运动方向等全部情报被送往总指挥部，然后再转给各野战分队。如果敌人不多，则由靠得最近的指挥官立即率部迎战。如果敌人规模太大，无法马上把它吃掉，那么军队主力便在骑兵掩护部队的后面迅速集结，然后高速前进，在敌人还来不及集结兵力的时候，就将敌人分散击溃。

成吉思汗及其能干的将领在作战方法上从不因循守旧。如果已经发现敌人的确切位置，他们就率领主力袭击敌人的后背或者侧翼。有时他们佯装撤退，然后再更换马匹发起冲锋。

蒙古军队最常使用的作战方法是在轻骑兵掩护下，将部队排成许多大致平行的纵队，以很宽的一条阵线向前推进。当第一纵队遇到敌人主力时，该纵队便根据情况或者停止前进或者向后稍退，其余纵队仍旧继续前进，占领敌人侧面和背后的地区。这样往往迫使敌人后退以保护其交通线，蒙古军队乘机逼近敌人并使之在后退时变得一片混乱，最后将敌人完全包围并彻底歼灭。

标准的蒙古军队战斗队形由五个横队组成。每个横队都是单列的。各横队之间相隔很宽的距离。前两个横队为重骑兵，其余三队为轻骑兵。在这五个横队的前面还有一些轻骑兵部队负责侦察掩护。当敌对双方的部队越来越靠近时，位于后面的三列轻骑兵便穿过前两列重骑兵之间的空隙向前推进，经过仔细瞄准向敌人投射具有毁灭性力量的标枪和毒箭。接着，在仍然保持队形整齐的情况下，前两列重骑兵首先向后撤退，然后轻骑兵依次退后。即使敌人的阵线再稳固，也会在这种预先准备的密集乱箭袭击下动摇。有时光靠这种袭扰就能使敌人溃散，不必再进行突击冲锋。如果纵队指挥官认为预备性袭击已使敌人完全瓦解，那么就下令让轻骑兵

蒙古军攻城图

撤退。但如果需要，这时就命令重骑兵发起冲锋。命令的传送：白天采用信号旗和三角旗，夜晚则用灯光或火光。作战时，各个骑兵连靠得很紧。但是，如果位于中央的部队已经跟敌人交火，那么两翼部队便向翼侧散开，绕向敌人的两侧和后背。在进行这种包抄运动时，常常借助烟幕、尘土迷惑敌人，或者利用山坡和谷地的掩护。完成对敌包围后，各部即从四面八方发动进攻，引起敌阵大乱，最后将敌人彻底击溃。这种包围运动是蒙古军队常用的作战方法，而且他们特别善用这种方法。

蒙古人喜欢冬季作战，封冻的沼泽河流大大提高了他们的机动性。为了测定什么时候河上的冰层足以承受马匹的重量，他们往往驱使当地的老百姓为他们上冰察看。

蒙古军队首领常常喜欢先派一支先遣队迎战敌人，打一下便向后撤，引诱敌人尾随。撤退可能要好几天，最后敌人发现自己落入了蒙古军队的陷阱，已经被埋伏着的蒙古军队骑兵包围了。

成吉思汗在作战的初期，他的骑兵部队常常在城市高大的城墙面前束手无策。经过深入细致的分析研究，同时采用了中原的武器装备和技术，几年之内蒙古军将领就创建了一种能够攻占原先似乎无法攻破的城防设施的作战体制。这一体制的重要组成部分是一支装备精良的攻城部队和一批最优秀的工兵，他们被蒙古军队征募而来，充当攻城部队的士兵。

在成吉思汗及其能干的部将速不台后来进行的战役中，任何城防堡垒都已无法阻挡蒙古军队进军的步伐。对于有重兵把守的城市，蒙古军队往往用一个纵队来围攻，并派部分或全部工兵辎重队予以协助。主力部队仍旧继续前进。由于蒙古军队常常巧施计谋，大胆行动，急速直捣敌城，领头的轻骑兵总是在对方还来不及关闭城门时就紧跟着冲进城去。假如敌人预先充分戒备，使蒙古军队冲不进去，那么围城的纵队和工兵就迅速有效地开展常规围攻战，蒙古军队主力也竭力寻找对方的主力野战部队交战。一旦胜利在握，被围城池常常不战自降。

但是，如果守城部队顽强抵抗，那么成吉思汗的工兵就会很快在城墙上打开一个缺口，或者迅速为不骑马的攻城部队作好进攻准备。为了造成守城部队的混乱，增加防守的困难，蒙古军队在进攻之前先派轻骑兵在城墙前冲击一番，发射燃烧箭，使被围攻的城市烧成一片火海。当他们准备穿过城墙上的突破口或越过对抗工事发动最后进攻时，常常采用一种残忍的但十分成功的方法。他们让一大群俘虏走在前面，后面紧跟着步行的骑兵。这样守城部队要击中他们就会先杀死自己的同胞。

元军进攻湖北襄樊

蒙古人通过严格的军事训练和纪律养成，建立了一支以弓箭为武器，骑兵为基础的军队。战争的实践证明，这是一支所向无敌的军队。他们深深懂得并且充分运用了突然袭击和灵活机动的作战原则，同时采取了智取心理战手段。13世纪时，他们在欧洲遇到的敌人则显得十分笨拙，缺乏机动性，根本无法对付骑着剽悍大马的高度机动的蒙古军队。不能长期抵抗蒙古侵略的欧洲军队不仅从来没有学会如何对付蒙古的军队，而且根本就没有学到多少有益的东西。蒙古人对喀尔巴阡山地区的短期入侵并没有对欧洲中西部国家的军事战术和传统的作战方法产生什么直接的影响。

但是，俄罗斯人从蒙古骑兵作战的理论和战术中可以说是受益匪浅的。著名军事历史学家休·科尔在给其友人的一封信中说：
"1914年喀尔巴阡山战役中，俄国轻骑兵所采取的战术便是以当
年蒙古军队战术为范本的。"

时至今日，我们仍能感到，当年蒙古人对我们今天的军事还
有着深远影响，西方正在对蒙古军队的战例、战术以及军事技术
进行广泛的研究。休·科尔在他的著作中写道："利德尔·哈特
曾以蒙古军队为例，说服人们将骑兵作战方法运用于坦克。并请
注意，美军总参谋长麦克阿瑟在一份年度报告中，曾敦促国会吸
取蒙古军队的经验，批准他关于要求为美军机械化拨款的提案。"

游牧文明里的马文化

15

在历史的年轮中，人类与马千百年来相依相伴的关系，是草原文明史上不可或缺的一部分，草原上人与马的和谐共生，则是这部文明史里最为动人的诗篇。

马成为人类的交通运输工具之后，提高了古代人的迁徙能力。尤其是蒙古族骑兵和战车的出现，深刻地影响了世界许多民族的盛衰荣辱。从而，在人类文明中逐渐形成了一个历史产物——蒙古族马文化。对马文化概念的界定，各国民俗学者们认为，有两个含义，一是指动物民俗中的一类，即本意；二是指驯马人和骑马人的民俗，即引申意。后者探讨与马有关的人类社会行为。这一引申意的马文化概念，在不同地区、不同民族中，以不同文化方式不同程度地影响了人类的生活习惯、宗教信仰、民族文化。这种民族传统文化和人类自然环境因素影响人类生活习惯的例子很多。因此，我们不能说人类征服了大自然，而只是人类适应了大自然。

"牧民对他们的马匹不特别体贴，也不特别坏，只把它们当成草原游牧生活中不可或缺的工具，但也因此必须细心照顾它们，否则很难在草原上生活下去。他们没有其他交通工具，草原茫茫，都得靠马匹帮他们运输、工作。就算只有二十步的距离，能骑马，他们绝不走路，马鞍始终放在马背上，马匹随时待命奔驰。所以，蒙古人一般就是在马背上上下下，有许多备用坐骑，一般来说，牧民懒得给马取名字，不过却一眼就认得出自己的马。蒙古牧民多半在腰带前面插一支破破烂烂的单筒或双筒望远镜，远远看到一群马在吃草，他们会策马跑上个五六英里，根据颜色、体态和走动的样子，找出属于自己的马匹。这些马儿都是他们自己养的，有什么特征一清二楚。新诞生的小马，也只能在妈妈身边待上一个星期，适应环境之后，就会由牧民接手管教。马儿生病了，也没见过他们用现代的医疗方式或器具，全靠老祖先留下来的传统方法医治。马蹄长脓，他们就端来一盆营火余烬，把马蹄往里面一按；背疼，就用盐水擦洗，简单极了。"

（提姆·谢韦伦《寻找成吉思汗》）

据《蒙古族民俗百科全书》记载：马的称谓有 354 种，马的毛色称谓有 228 种，马疾的民间疗法有 280 条目。在世界上现有的语言中，再也找不到一种语言对一种动物有如此之多的细腻而准确的描绘。如"乌纳格"指刚生下的马驹，"达阿嘎"指 2 岁马驹，"乌纳格别德斯"指 3 岁母马，"伊斯格勒乌热"指达骟龄的 4 岁公马。纯色的蒙古马相对较少，蒙古族人把马身上最明显的颜色，分为五种基本

毛色。接近白色和黑色的，直接称为白马、黑马，灰色的称为"宝日"，枣红色的称为"蛰日特"，黄色的称为"希日嘎"。正是在长期与马的接触中，蒙古人总结出相马学、驯马学、牧马学、医马学、赛马学等关于马的学问，创造了有别于其他民族的独特的马文化。

一些蒙古族地区牧民的毡包前都设有一个泥台，台上有一个方槽，槽内立一高标，杆顶安一支三股叉。这个三股叉就是牧区闻名的玛尼杆。玛尼杆上系着长方形旗帜，旗面中央画着一匹骏马，四角饰以狮、虎、龙、凤，连同殷红的马鬃缨穗随风飘扬，这就是禄马风旗，饱含象征意义的命运之马。牧民以此祈求平安祥和、五畜兴旺。老牧民们提起这些正在逝去的传统，虽不免叹叹气，但他们总是很乐观地表示，只要草原在、只要马在、传统就永远在。

蒙古族歌唱家布仁巴雅尔，出生在呼伦贝尔市新巴尔虎左旗草原上的一个牧民家庭，从小就养马。谈到对马的感情，他说："我们巴尔虎蒙古部落对马有着很深的感情。内蒙古其他地方的蒙古族，很多都已经不养马，只有我们家家户户至今都在养马。只有养着马，我们心里才会踏实，日子才能过得兴旺。马是我们精神上的守护和寄托。"正是这种深藏在心灵深处的守护和寄托，才使得蒙古人与蒙古马交融在一起，支撑起草原文化的生命力。

近些年，随着牧民转变农耕、养马受到圈养限制，不仅仅蒙古马的数量锐减，内蒙古所有的马匹都在大幅减少。纯种的蒙古马已经不到十万匹。其中，百岔铁蹄马目前只剩下几十匹。这意味着，也许我们一觉醒来，百岔铁蹄马已经灭绝了。面临生存困境的不仅仅是百岔铁蹄马，乌珠穆沁马、乌审马、阿巴嘎黑马，所有蒙古马的数量都在逐年下降，种群品质逐渐退化。

关于这一点，提姆·谢韦伦在他的《寻找成吉思汗》一书中提到："威名远播的蒙古马，也像蒙古文化一样停滞不前，甚至有倒退的迹象。那达慕长程竞赛的冠军马，在世界级的赛马会上无不铩羽而归。其他品种的马匹，经过长期的改良，体力与速度都不是蒙古马可以望其项背的。现在它们唯一可以提的本事，是它们的耐力。就算别的生物全灭绝了，蒙古马照样活得下去，就如同内蒙古的蒙古传统；但这个优点却是不得不然，加上蒙古人的长期轻视导致的结果，并没有经过刻意的维护与改良。以前谁也没有念头去强化马匹的品种，如今，有人提议，让牧民保留一部分的私有牲口。目前的计划是每户可以保留七十五头牲口，情况可望好转。蒙古马协会也成立了，目的是改善蒙古马的品种。"

马是草原牧民富有的标志，是草原繁荣兴旺的象征。草原与蒙古马和蒙古人，是一个不可分割的整体，没有骏马相伴的牧民还是草原的主人吗？历史的年轮中，人类与马千百年来相依相伴的关系，是草原文明史上不可或缺的一部分，草原上人与马的水乳交融，则是这部文明史里最为动人的诗篇。

马文化里的民俗传承

16

蒙古马与蒙古民族结下了深厚的感情。在人类文明的历史进程中，没有任何一种动物对人类文化的推动作用超过马。

　　马是蒙古族牧民生活中的资源财富，是草原上日常生活中的交通工具，是军队作战的制胜法宝，也是诗歌文学中的重要主题，是蒙古族欢庆娱乐的亲密伴侣，更是他们美的心灵和理想借以寄托的载体。所以，马在蒙古族的全部社会生活中，始终具有重要的意义。

　　在生产领域里，马是牧民最主要的生产工具，同时也是生产对象。放牧、挽车、乘骑、迁徙，乃至以马为资源的商品贸易，都是要靠马来进行和完成。马是畜牧业发展的基础，没有马，草原经济便无法经营。所以，马是牧民富有的标志，繁荣兴旺的象征。最早的时候，草原上富有的人在谈论自己拥有多少马匹的时候，不是以几百几千的计数单位来算的，而是以"浩特格尔"（即山沟或洼地）和"套海"（即湾子）计群数，可见当时草原上的马之多。

纵观历史，当年草原上部落战争和王者出征风起云涌的时代，马的多寡壮弱有着决定性的作用。在进军征伐的激战中，强大的铁骑就是胜利者的象征。在成吉思汗的军队中，许多旗帜中有一面镶边的蓝色大旗，旗中间有一匹奔驰的白色骏马图。这面白马军旗指向哪里，军队则打到哪里，这匹白骏马成了军队无声的指挥官。这种时刻，马是威武的，也是一种权威的象征。所以，在蒙古族地区一些庄严的场所或建筑物上，常雕塑一匹奔腾的高大白色骏马作为标志。

蒙古马与蒙古民族结下了深厚的感情。在人类文明的历史进程中，没有任何一种动物对人类文化的推动作用超过马，

从历史的角度看，亚洲人发明马的物质属性以来，马被人类重视的原因，首先是马最初成为游牧民族依赖的交通运输工具；其次是马变为游牧民族狩猎的快速捕猎工具；第三是马的速度在政治、经济、军事、战争和民族文化教育等一系列领域中发挥主要作用。经过这个转变，关于人类对马的物质发明，就大范围迅速发展起来了。这些发明，体现了游牧民族用马观念和方式的纵向历史变化过程。

民间信仰、民间文学和民间文艺都属于民众创造的无形文化。现在，民俗学界把民间造型艺术分成十二生肖动物系列、吉祥动物系列、生活系列三类。在北方游牧民族生活中关于马的民间造

型艺术很多。国内外研究马文化的学者都认为游牧民族马的造型
艺术是马造型艺术的起源。通过岩画的研究进一步了解，北方大
量发现的岩画中最早出现的史前艺术形式中就有马形象。这就体
现当时的游牧民族中已经萌发了马的造型艺术，表现对马的崇拜
心理。后来，随着游牧人民的精神世界的发展而演变，逐渐形成
造型艺术。还有些学者认为在亚洲国家的美术造型中，马是生命
力比较强的动物。

　　世世代代在草原上过游牧生活的蒙古族人民日常生活中的风
俗习惯、生活用具等均反映了马背生活。因此，世人把蒙古民族
称作马背上的民族。久而久之马文化就变成民族文化。比如，游
牧生活所需的蒙古袍、蒙古靴子等民族服装；马鞍、套马杆等马
具就是典型的马背文化组成部分。草原游牧民族的生活当中马是
不可缺少的交通工具，有了马才能够了解辽阔的大草原，才能够

准确挑选下一次游牧的理想草场；有了马才能使在无边无际的大草原上分散居住的游牧民相互来往和交流；有了马才能在无垠的大草原上放养成群的牛、马、羊（山羊和绵羊）和骆驼五大畜。蒙古袍和蒙古靴子最适合在寒冷的冬天骑马奔跑，骑马时蒙古袍能盖住整个腿部挡风遮寒，并对马减少风带来的阻力和负担。在草原野外过夜时，马鞍是最适合的用具，把鞍垫垫在底下，枕鞍架就可以安心睡觉，既不着凉，又不受风（鞍架两边的高出部分可以挡风）。套马杆除套马之外，还有很多间接作用。草原上见到插在地上的套马杆就表明年轻美丽的姑娘和健壮善良的小伙子在那里谈恋爱，草原上的人们见到这种情景就绕道而行。

在民间流行着许多以马为名的服饰，如马甲：即指坎肩；马褂：

清代满族男子上衣；马尾帽：汉族传统男帽，流行于贵州；马靴：蒙古族传统靴子；马司吐兰：旧时高山族泰雅人男子臂饰，流行于台湾地区；马蹄袖：清代满族一种礼服袖头样式，流行于东北地区。

　　总之，在游牧生活中受蒙古族马文化的深刻影响，不仅体现在人类生活、习惯等方面，在其他各个领域也能体现出来。可惜的是有些原始的马文化现已逐渐被淡化。挽救蒙古马，弘扬蒙古族马文化、促进马产业，成为振兴民族产业，弘扬民族团结的大好举措，也是振兴地方经济的大事，是每一个草原游牧民族后代的神圣义务。

17

灵性相通的沉默伴侣

在与马长期共同的生活中，蒙古族牧民已经能够通过马的肢体语言了解马的各种情绪。马与人一样，是一种感情丰富的动物，有喜怒哀乐，也会紧张和恐惧、信任和好奇，通过它的表情、肢体语言、声音等展现出来。

有史以来，人类日常生活、商贸、战争中，马一直是忠诚的伴侣，尤其是蒙古族牧民把骏马当作最忠实的伙伴。蒙古族人民非常喜爱马，甚至当作最崇拜的偶像之一。因此，在草原人们的心目中马是一个神圣的动物。老牧民们都说马是有灵性的动物，一定要好生对待。对那些不爱护自己的马，乱打乱骑

乱使用的人，长辈们要严厉训斥，同时传教怎样调教生个子马的
技巧。尤其是那些有特征的骏马，譬如一根杂毛都没有的纯白马、
有特殊花纹毛色的马都会受到主人的爱护和重视。同时，当地的
牧民们都认为马是苍天派来的使者，它象征着草原更加美丽富饶，
象征着牧民善良纯洁的心灵，祝福牧民的生活更加富裕。所以，
这种特征的马从小就不能套套马杆、不架马鞍、更不能骑乘，把
它当作当地草原的圣物骏马。这充分说明，蒙古族崇拜骏马的文
化形态以及蒙古族把马当作神圣的精神之物的文化内涵。因此，
蒙古族把马奶当作圣洁、辟邪之物。譬如，老母亲用勺子把酸马
奶向天洒散，祝福出远门的孩子和亲戚朋友一路平安。

　　草原上的蒙古族人民每年都要举行一次庆贺牧业大丰收的传
统盛会——那达慕大会，其中必有的一个项目就是赛马。据史料

记载，在草原上举行赛马不是单纯为了娱乐，而是为了更好地适应草原游牧生活，马的驯养给草原牧民的生活带来了革命性的转变。譬如，草原五畜中马跑得最快，一天就能跑到人徒步走路十天的路程，能节省时间，能提高工作效率和为放牧时节省劳动力等。在草原放马的过程中，套马是一项难度比较大的技术。所以，牧民们找最快的马训练成套马专用马。因此，草原上的牧人们都希望得到几匹跑得最快的马，这样放马人聚到一起时比一比谁的马跑得最快。这种选快马的活动，跟随着历史和人类生活意识的改变，逐渐变成了北方游牧民族特有的传统娱乐活动——赛马。

在成吉思汗时代，蒙古士兵取得的丰硕战果，还要归功于他们精湛的骑术。讲到对马匹的依赖之深，世上没有哪个国家比得上蒙古民族，蒙古人马术之精，更是独步全球。

"我亲眼得见蒙古人精湛的马术，也难怪他们在中古世纪纵横欧亚，成为人人谈之色变的骑兵精锐。蒙古牧民在马背上成长，操控之精，自不待言，不过，蒙古传统的骑姿让西方本位主义者大惑不解，甚至惊骇莫名。他们的骑术不好看，却很实用。马对他们来说，是不可

或缺的伙伴，产奶得靠它们，行进也得靠它们。简单来说吧，个头娇小的蒙古马，是蒙古游牧生活中的核心，就像牧场主人依赖且珍惜他的乳牛一样。跑得快、个性剽悍的马匹，自然身价非凡。别说参加那达慕长程赛马的马匹，被照顾得无微不至，一出场就勾起众人艳羡的目光，就连一般的参赛马匹，都会披红挂彩，经过特别的打理：尾巴被结成漂亮利落的辫子，马头上的一撮毛，还会梳成莫希干人的式样，看起来就有一股跃跃欲试、奋力向前的精神。"（提姆·谢韦伦《寻找成吉思汗》）

　　游牧民族信仰的喇嘛教中有一些神的坐骑是草原五畜或者野

兽。除此之外，还有马等动物的演化物，即精神产物的虚拟动物。比如，麒麟和翼马等既有灵性，又有神性。这也是草原人们追求速度而想象出来的精神虚构产物，表明辽阔大草原游牧民族一直向往的速度感。

北方游牧民族自古有祭马的民间风俗，流行世界各地。春祭马祖，夏祭先牧，秋祭马社，冬祭马步。马祖为天驷，是马在天上的星宿；先牧是开始教人牧马的神灵；马社是马厩中的土地神；而马步为掌管马灾害的神灵。

古代北方游牧民族之一契丹族民间信仰白马神。相传古时有一神人乘白马浮土河而东，有天女驾青牛车泛潢水而下，至木叶山，二水合流，神人与天女结为夫妇，生子八人，繁衍为契丹八部。契丹以白马取象天神，每次行军或春秋时祭祀，必杀白马、青牛以祭天地。

在与马长期共同的生活中，蒙古族牧民已经能够通过马的肢体语言了解马的各种情绪。马与人一样，是一种感情丰富的动物，有喜怒哀乐，也会紧张和恐惧、信任和好奇，通过它的表情、肢体语言、声音等展现出来。比如：鼻孔张开表示兴奋抑或恐慌，打响鼻则表示不耐烦、不安或不满；上嘴唇向上翻起表示极度兴奋，口齿空嚼表示谦卑臣服；眼睛睁大或瞪圆表示愤怒，露出眼白表示紧张恐惧，眼微闭表示倦怠；头颈向内弓起肌肉紧张表示展现力量或示威，颈上下左右来回摇摆表示无可奈何；前肢高举扒踏物品或前肢轮换撞地表示着急，后肢抬起踢碰自己的肚皮，若不是驱赶蚊虫就表示患腹痛；尾巴高举表示精神振奋，精力充沛，尾巴夹紧表示畏缩害怕或软弱，无蚊虫叮咬却频频甩动尾巴表示不满情绪。此外，打滚一两次是放松身体，反复多次打滚必有腹痛；跳起空踢、直立表示意气风发。马通常很安静不会经常鸣叫，当马发出声音时一定伴随着某种情绪，马的嘶鸣声有长短、急缓之分，受惊骇或受伤的马会长鸣，公马与母马调情时也会长鸣，痛苦的时候会嘶吼，喷气是因为不安或兴奋，低鸣是重友善呼唤朋友，咕噜声、叹气声、吹气声等可能是与人或伙伴沟通的声音。马对反感的事物会做出自己的反应：马的耳朵向后背，目光炯炯，高举颈头，点头吹气，此

乃示威之举；愤怒时，后踢甚至出现撕咬对方的行为；有欲望或急躁的表情是站立不安，前肢刨地有时甚至是两前肢交替刨地。

有经验的牧民可以通过马的肢体语言了解马的情绪状态，对马做出安抚。而蒙古马也是通人性的，它会以相同的默契回报主人的关爱。

故事链接：

马头琴的传说

在很早以前有一位贫困牧民的儿子，名叫苏和，他和年迈的母亲靠着几十只羊维持生活。

有一天苏和赶着羊往回走，路上遇见一匹刚生下来不久的白色小马驹在挣扎。附近不见马驹的主人和母马，小苏和担心小马驹被狼吃掉，就把它抱回家里，在老额吉和苏和的精心饲养下救活了小马驹。日月如梭，小马很快长成了一匹骏马，全身的毛就像白缎子一样闪闪发光，人见人爱，赞叹不已。

有一天夜里，小苏和被一阵激烈的马嘶鸣声惊醒。他飞身起来跑到外边一看，原来是一只狼想偷袭羊群，小白马正在抵挡着，不让狼靠近羊群。狼一见人就逃跑了。苏和回头看小马驹浑身是汗，湿淋淋地站在那里。这时苏和才明白，不知小白马用多长时间拼命保护才使羊群得以安生。他搂着白马的脖子说道："小白马驹啊！你是苍天赐给我家的天使，谢谢你……"从此，苏和更加疼爱自己的小白马驹了。

春天到了，王爷府向草原人民发布了召开那达慕的消息，主要举行摔跤、射箭、赛马比赛。苏和骑上自己心爱的白马参加了赛马比赛。英姿飒爽的少年骑手们，跨上马背扬鞭奔驰。最先跑到终点的是苏和的小白马。王爷见它立即喊道："把那个骑白马的小孩子，立即给我叫到台上来。"苏和精神抖擞地走到王爷跟前。王爷见他是个穷孩子，马上拉下了脸说："我给你三个元宝，把你的马给我留下，走吧！"苏和听后忍不住内心的气愤大胆地说道："王爷，我是来赛马的，而不是来卖马的！"王爷听后非常生气，大声喊道："你这个穷鬼还敢跟我顶嘴？来人！把这个穷小子给我重打一顿！"王爷的话音刚落，棍棒加马鞭噼里啪啦地落在了苏和的身上，苏和昏过去了。王爷趁机抢走了苏和的白马，耀武扬威地打道回府。

王爷得到了一匹良驹非常得意，想在众人面前显示一下，便骑上了小白马，可是没等王爷骑上，白马就尥起蹶子，一下把王爷掀翻在地。小白马从人群中穿出飞快地向自己家奔去。王爷怒不可遏下令道："快，快，快把它抓住，如果抓不住就射死它。"

王爷刚下命令，箭头就像雨点般射向小白马。可怜的小白马跑到亲爱的主人面前悲惨地死去。小白马的死给苏和带来了无限的痛苦，他日夜思念着小白马，不思饮食。有一天他梦见了小白马，并紧紧地抱住它的脖子，小白马用极其温柔的声音向他说道："亲爱的主人，请用我的筋骨、鬃尾制作一件乐器（琴）吧，好解除你的忧愁！"

苏和按照小白马托的梦做出了一件乐器，琴杆上端安上了雕好的马头。从此以后，马头琴就成了草原上牧民最喜欢的乐器。它那悠扬动听的琴声解除人们的疲劳，越听越想听，人们再也离不开它了。

对蒙古人来说，只要把马匹照料好，马蹄就可以踩在任何地方，任他们纵马驰骋。

"一望无际的草原与天空，无与伦比的幅员，也影响了蒙古族的行事风格。成吉思汗的原意是'海一般的领袖'，蒙古人放眼天地相接之处，自然而然用'海'这样的形象赞誉他们的族长。当我试着向这些蒙古牧人解释骑马长征欧洲时所将遇到的阻碍，

才发现蒙古人意气风发，部分人甚至认为他们的草原应该无止境
地延伸，根本不把远征欧洲的障碍放在眼里。对于像伏尔加河般
的大河、历史名城、现代化的高速公路造成的问题，他们根本毫
无概念。对蒙古人来说，只要把马匹照料好，马蹄就可以踩在任
何地方，任他们纵马驰骋。回程时，一个牧民向我保证：即使蒙
古人骑着蒙古马直到欧洲边缘，掉头，松开马的缰绳，任凭它独
自来去，不用管它，这匹马照样可以找到路回蒙古。蒙古马会像
信鸽一样，回到家乡的大草原，蒙古马只有在蒙古才能自在驰骋。
他们问我，如果远征欧洲的计划近期内不能成行，可不可以送一
批蒙古马到越南去？他们说，蒙古马还是会挣脱新主人的控制，

想法子回家。"（提姆·谢韦伦《寻找成吉思汗》）

蒙古民族被誉为"马背上的民族"。马，对于蒙古民族而言，具有无法替代的作用。

祭祀是供奉包括鬼、神、精灵以及祖先在内的宗教信仰仪式。它是古代几乎所有民族社会生活中的大事。受生活环境、生产方式和文化传承等因素的影响，不同民族在祭祀对象、仪式、礼仪等方面存在差异。作为游牧民族，蒙古族的祭祀体系体现了该民族的民族特点和文化特征。而马就是其中重要的表现点之一。

　　马经常充当蒙古族祭祀礼节中的祭品。我们知道，一般情况

下，蒙古人并没有杀马食肉的习惯，但重大节日、重要场合和对重要人物的祭祀必须用马为牺牲。据《元史》载，蒙古人郊祭用马，冬至祭"用纯色马"，七月祭亦用马。而且，祭祀者必须"衣以白衣，乘以白马，坐于上座而行祭礼"。这一祭祀习惯在十三四世纪时还依然存留。鲁布鲁克载：每年五月第一次喝忽迷思（马奶酒）时，必须把忽迷思"洒在地上"，而且"占卜者们把马群中所有的白色母马聚合到一起，并把它们献给神"。人们在祭祀成吉思汗活动中必须选用黄膘大骒马为牺牲以表达对他的敬意。

祭祀翁衮和敖包是蒙古人常见的、重要的两大祭祀活动，它

们与马的关系同样密切。所谓翁衮，是各种精灵寄身的偶像，有事求于翁衮时，人们须请萨满举行隆重的祭祀。祭祀翁衮的牺牲除宰杀外，也可以用活体动物，如马在献祭之后的马便属于翁衮了，人们不能伤害它。倘若必须杀祭，只能将它置于火中焚烧，决不可折断其骨。

蒙古族祭祀敖包有个人行为和官方行为两种形式，行人路过敖包，须下马步行，进行祭祀。先拾土块、石块添加在敖包上，再献上钱财或者摆供酒肉，还要剪下马鬃、马尾处之毛，系于敖包的木杆、绳索上，最后跪拜求福求安。很明显，此处采用的是象征手法，剪下马鬃、马尾处的毛便意味着宰杀了自己的马匹。有趣的是，蒙古人在杀马之前，有时还必须进行一番祷祝："不是有意拿刀屠宰，是绕在系绳上勒死命乖。不是有意殴打伤害，是缠在缰绳上难脱大灾。望你下辈子变马驹，在你归天之地生出来。"人们试图通过咒语及巫术的力量，把因杀马而可能招致的灾难转嫁至他物，客观上反映了蒙古人的崇马之情。

蒙古族还有专门对马的祭祀，如禄马、封神马和溜圆白骏。供奉、祭祀禄马是蒙古族祭祀活动中崇马习俗的又一表现。

禄马意为能够给蒙古族人民带来好运之马，它源于藏传佛教的风马旗。在内蒙古地区特别是鄂尔多斯一带，蒙古族牧民家门前的祭台两边分别立有约一丈长的长杆，两杆之间拴有一毛绳，绳上系有五彩长方形小旗，其间悬挂蓝、白、红、黄、绿颜色捆绑着小旗杆的彩色旗，即奔马旗，俗称禄马。禄马呈长方形，中央印着雄健的骏马禄马，旗上常常还刻有藏文咒语，通常为："具有神奇而充沛的力量，无上珍贵的宝驹，智慧的禄马兴旺！全速飞奔的禄马兴旺！愿生命、肉体、机缘并一生的福禄发扬光大，骏马与猛虎、雄狮、凤凰、飞龙一样兴旺发达！愿一切聚敛来归。金刚阿尤希日苏恒。由于喇嘛本尊稀世高僧赐福之效，生命、肉体、机遇、福祚、人畜、食用，皆遂心如愿。愿禄马相应的诸般机会

如同福海一样宽广。"蒙古族牧民虔诚地祭祀供奉着禄马，祈求神马给予自己好运。

在牧区春天的招福仪式中，蒙古人要举行隆重的封选神马仪式。在聚集的马群之间摆放一小桌，桌上陈放祭品，焚香，洒祭马奶酒，萨满或主人致祭马词。在喇嘛的诵经声中，主人手握一束用各色彩条装饰的柳条丛，顺时针方向摇晃，口中念念有词。之后，用彩布装饰马的鬃尾，并向马身上抛洒马奶酒。这匹马就被封为"神马"。神马必须毛色齐而纯，且全鬃全尾。人们对神马顶礼膜拜，严禁乘骑、力役、买卖、鞭笞、诅咒和转送，否则，会给牧民带来灾难。

溜圆白骏崇拜是蒙古族马崇拜的集中体现。溜圆白骏指的是

受过神封的骏马，它"眼睛乌亮，蹄子漆黑，全身毛色纯白，多少带一点粉白而闪光，不能有一缕杂毛"。人们视它为神灵，为它设有专门的草场，人畜均不得冒犯。当它衰老时，必须经过官方的授权，才能寻找替代者。

在鄂尔多斯草原祭祀成吉思汗的八白宫中，其中一宫便是溜圆白骏神像。每年阴历三月二十一春季大奠上，白骏就被牵到阿勒坦嘎达斯（金马桩）上，接受人们的供奉祭祀。不能到现场祭祀的牧民于这一天在当地进行祭奠活动。齐齐哈尔附近的巴儿虎蒙古还建有马神庙供牧民祭拜。

蒙古族还经常把马用于占卜活动。如祭祀成吉思汗时，人民往往宰杀马匹以示尊敬。人们常根据被杀马匹的肝脏状况来判断年景、丰歉和时运。此外，蒙古人也常用马鬃、马尾以及马齿占卜未来。

民俗中的以马为礼 **19**

如果说北方草原是蒙古人的历史摇篮，那么矫健的蒙古马就是蒙古人创造历史文化的主要工具。

人在一生中都要经历具有一定形式的礼仪礼俗，如诞生礼、成年礼、婚礼、丧葬礼等。人生礼仪深受社会文化制度的制约。与其他民族相比，蒙古族的礼仪既有其共性，也有其个性，它沉积着蒙古族的宗教信仰、道德伦理，体现游牧文化的鲜明特点。

以蒙古族婚礼为例：蒙古族的结婚礼仪程式和汉族相差无几，也是所谓的六礼。但在漫长的历史发展过程中，它也逐渐形成了富有民族色彩的婚礼程式，这些程式渗透着和本民族自然、人文环境相适应的文化特质。如蒙

古语中的出嫁，该词同时兼有上马之意，可见，马在结婚礼仪中的重要性。

以马为聘礼，蒙古婚礼与内地不同，"其所用之聘礼，多以牛马羊"。如铁木真（成吉思汗）的婚事便是由其父也速该以"从马作为聘礼"定下的。聘礼所需的马匹视男方财产而定，一般家庭"礼聘其，马二匹，牛二头，羊二十头，为最为普通"。王公贵族作聘礼的马匹数量多，质量也高。如亦企列思部勃秃与成吉思汗妹帖木伦结秦晋之好，聘礼为 15 匹马。《喀尔喀法典》记录有娶公主的聘礼，其中必须含有颈悬黑貂皮饰品的白马一匹。

蒙古人迎亲送亲，参加婚宴，骑的是白马、白驼，"男子腰弓矢，乘骏马往迎之；女子红巾覆额，乘骏马偕婿归"。届时，新郎穿新衣，扎两侧坠白布"箭"的腰带，骑"吉孙马"（特定毛色的马），在伴郎、主婚人的陪同下，迎娶女方。在有些地区，男方须在结婚前一天派人把一匹骏马送至女方家中，作为迎娶新娘的坐骑，女方则要观赏并试骑所赠之马，还要请赞词家当场赞词。

蒙古族的迎娶保留了较为完整的抢婚色彩。它自然与马关联密切，明代萧大亨撰写的《夷俗记》："诸亲友皆已散去，时将昏矣，妇则乘骑避匿于邻家，婿则亦乘骑追之，获则挟之同归妇家……倘追至邻家，婿以羊酒为谢，邻家仍赠妇以马，纵之于外，

必欲婚以旷野获之。"马上夺帽与马上夺缰是抢婚的具体表现形式。这两项民俗事项也都是在马上发生的。前者是指在送亲队伍快出村落时,由女方的骑手试图抢夺新郎头顶的红缨帽引发的男女双方骑手的马上抢夺战,后者则是发生在新娘快要被接到男方住地时,女方的送亲人员试图阻止新娘下马导致的双方马上的争抢。从此可以看出,正是马使得双方之间的象征性的抢婚更加具有民族风情。

马在葬俗中独一无二的作用使得蒙古族文化在葬礼方面又一次表现出了游牧文明的色彩。部分蒙古人墓地的选择是依靠马完成的，亲属把死者用白布缠裹或装进白布袋，置于马车、马鞍上，任凭马匹驰骋，马匹跑不动或者尸体掉下之地便是葬尸之地。更经常的情况是杀马殉葬。诸多中外文献对此有记载。《多桑蒙古史》："人死……及葬，则在墓旁以其爱马备具鞍辔，并器具弓矢殉之，以供死者彼世之用。若诸王死，及葬，则并此帐与牡马一、驹一、并具鞍辔之牡马一，连同贵重物品，置之墓中。"《绥蒙纪要》："人死后，死者之亲友广集，其子孙以死者生前之爱马，驾车一辆，与亲友扶尸，驱车适野，择一犬马鲜至之地，森林茂密之所……事毕，众牵曳之马，至尸屋旁，举斧斫其头，以祭之

者。"《柏朗嘉宾蒙古行纪鲁布鲁克东行记》："某人死后……
同时还要用一匹母马及其马驹、一匹带缰绳和备鞍的牡马等陪葬。
当把另一匹马的马肉吃完之后，便用稻草把其皮堵塞起来，然后
竖于两块或四块木头之上。"《出使蒙古记》："我看见一个给
最近去世的蒙古人的葬礼仪式上，他们在若干高杆上悬挂着十六
匹马的皮，朝向西方，每一方四张皮。"而且葬礼结束后，死者
家属要答谢亲戚朋友，对至亲好友赠马牛羊，寻常交际则予以哈
达。

蒙古族还有葬马的习俗。对立下巨大功绩的马，为表示感激之情，主人会实行葬马：把它埋葬在环境优雅之地，且上面堆砌敖包。成吉思汗的两匹骏马便是这样埋葬的，"当蒙古多尔赛汗带着牧童，两个人叠骑小骏马回来时，小骏马因为过度疲劳而死在途中。成吉思汗用八匹锦缎裹上小骏马的尸体埋葬了"。诸多文学作品也有过这方面的记载，如《黄膘骑马的故事》，主人宝音图豢养的老马产完马驹后死了，"一家人心疼得不得了，只好伤心地把它埋了"。

在蒙古族的祭祀礼仪中，也把马作为崇拜的灵性的神驹看待。按传统民间习俗要选一匹"神马"主宰一个马群。平时，马保佑吉祥，战时则为强军之利器。成吉思汗西征欧亚、统一南北，靠的就是战马的背力和强大的铁骑大军。在内蒙古鄂尔多斯高原上祭祀成吉思汗的活动中，总要有一匹白色骏马的形象才算是大奠。

在传统的祭祀礼仪中，有两种作为马文化现象的习俗是值得一写的。一种是悬挂"风马旗"的习俗，一种是系彩绸带"神马"习俗。风马亦称天马图，图案正中是扬尾奋蹄、引颈长嘶的骏马，托着如意瑰宝飞奔；骏马上方是展翅翱翔的大鹏和腾云驾雾的青龙；骏马下面是张牙舞爪的老虎和气势磅礴的雄狮。这五种动物以不同的姿态和表

情，表现了它们勇猛威严的共性。人们把这个图案拓印在十多厘米见方的白布或白纸上，张贴于墙壁，不管取何种形式，它的含义都比其表面图案深远，是人们对于命运吉祥如意的寄托，希望自己的前途像乘风飞腾的骏马一样一帆风顺。

如果说风马象征着人们的运气，那么神马便是人们爱马和祝愿马群兴旺的寄托。什么叫神马呢？按照蒙古族传统习俗，人们从马群里挑选出一匹自己最喜欢的马或做出贡献的马，举行祝福涂抹仪式，在它的鬃毛或脖颈上系上彩绸带，宣布为献给神的马，名曰神马，终身不受羁勒，不服劳役，撒群闲游。过去人们认为这是迷信做法，但换一个角度看的话，实际上这是牧民以献神之名，祝愿自己马群兴旺的爱马思想的集中表现。从这些马的情物

中，可以看到马在蒙古族生活里，已不仅仅是乘骑的马，而且已经具有丰富的文化内涵和鲜明的人文特征。

如果说北方草原是蒙古人的历史摇篮，那么矫健的蒙古马就是蒙古人创造历史文化的主要工具。马在蒙古人的生活中，在民族的成长发展中的确是太重要了。因此，从古至今，蒙古人不论从事什么职业，对马都有特殊的感情。在蒙古人的生产劳动、行军作战、社会生活、祭祀习俗和文学艺术中，几乎都伴随着马的踪影，听得到马蹄的声音。由此，自然而然地在民族生活中形成了多姿多彩的马文化。

请喝一碗马奶酒

20

他们很快就可以挤出一大桶马奶，新鲜的马奶像牛奶一样香甜好喝。然后，蒙古人会把马奶放进皮囊或袋子中，把棒子放进去搅。

马奶及马奶制成的酒，是蒙古族喜用的饮品。元朝历代大汗，每年秋天的八九月份，都要从元大都返回草原，举行盛大的马奶宴。宋代孟琪在《蒙鞑备录》中说道："饮马乳以塞饥渴，凡一

马之乳，可饱三人。"在战争中，"屯数十万之师，不举烟火"就是以马奶充饥。饮用马奶还有特殊的保健作用，在今天的医疗保健领域仍被视为重要的医用保健品。马奶酒更是上品佳酿。《马可·波罗游记》中说："鞑靼人饮马乳，其色类白葡萄酒，而其味佳，其名曰忽迷思。"蒙古人饮马奶酒始见于《蒙古秘史》，从成吉思汗先祖时代即已酿制，到元代时已成为宫中的"国宴之酒"。在蒙古人心中，马奶酒是神圣的饮料。

提姆·谢韦伦的《寻找成吉思汗》一书中，在讲述他们一行在途经蒙古族牧民家里时做客这样写道："通常我们进到蒙古包里时，家中的主妇已经生好火，煮开了牛奶和水，准备要做咸奶茶了。至于马奶，则是我们蒙古朋友的最爱，每天都可喝上好几加仑。'马奶是他们最看重的东西'。鲁布鲁克一语道破蒙古人偏爱的饮食，也难怪蒙古人赢得了'马奶豪饮客'的诨号。这是真的，看到我们的蒙古朋友猛饮马奶的样子，不是亲眼看到，简直无法置信。他们一天喝上十七到二十品脱是稀松平常的事情。按照蒙古人的规矩，每进一顶蒙古包，不喝三碗马奶就出门是很不礼貌的，为了顾全颜面，我和保罗只好舍命陪君子。"

马奶通常装在桶里，要不然就是装在袋子里，挂在门边。蒙古人不喝新鲜马奶，他们喝的马奶都是发酵的，带点酸，喝进嘴里，还有些嘶嘶的气泡感。喝到一半，蒙古包的主妇还会拿出一个连

着竿子的马奶袋，不住地把空气灌到袋子里，加快酸化过程。

"从鲁布鲁克造访蒙古以来，做酸马奶的方法就不曾改变。他在自己的著述中说：酸马奶是这样做成的——他们在地上钉了两根木桩，再在木桩上绑上两根长长的绳子。到了第三个小时（大约上午9点钟），把绳索绑在一头母马和小马身上。母马站在小马身边，乖乖地让人挤奶。如果母马不耐烦了，旁边会有人牵小马过去，让小马吮几口，再把它拉开，让挤奶的人接手。

他们很快就可以挤出一大桶马奶，新鲜的马奶像牛奶一样香甜好喝。然后，蒙古人会把马奶放进皮囊或袋子中，把棒子放进去搅。这种棒子是专门搅奶用的，粗的一端有人头大小，中间镂空。蒙古人舂得很快，没两下子，马奶里就充满了泡沫，变酸、发酵，

但是，他们还不住手，仍是一个劲儿地舂，目的是萃取脂肪。

脂肪萃取出来之后，蒙古人会舀一勺马奶，尝尝味道，如果味道变得没那么辛辣，就可以饮用了。这种酸马奶刚入口时，舌尖会感到一股刺激，像是吃了没成熟的果子，但喝完之后，舌头上会留下一股杏仁般的奶香，嘴里的感受还算舒服。如果脑筋不怎么硬朗，说不定还会有点喝醉酒的感觉。这种饮料喝了之后，会让人不断想上厕所。"

"鲁布鲁克'会让人不断想上厕所'以及'喝多了会醉'的两大理论，现在都还常常听到蒙古人和外国旅客提起。就我的观察，这两大理论也不是完全没有道理。会不断想上厕所，多半是因为奶喝太多了。我们从这个蒙古包到下个蒙古包，一路做客，每停一个地方，就得喝个三五碗酸马奶，总有个五六品脱。在上

马朝下个蒙古包奔去之前，当然应该清理一下负担。酸马奶或许利尿，但是，喝这么多，想不上厕所也难。"（提姆·谢韦伦《寻找成吉思汗》）

　　蒙古族人民长期饮用酸马奶，在酸马奶制作方面积累了丰富的实践经验。酸马奶有驱寒、舒筋、活血、健肺和健胃等功效。蒙古人因为每天饮用这种天然绿色保健饮料，才会有强壮的体魄能够在恶劣的大自然环境中生存下去。每年七八月份牛肥马壮的时候，是酿制奶酒和酸马奶的季节。勤劳的蒙古族妇女们将马奶收贮于皮囊中，每日搅拌数千次，数小时后便乳脂分离，发酵成酸马奶。这个季节还会举行马奶节，亲戚朋友欢聚在一起，长辈们说着祝颂词，亲友们畅饮马奶酒，这个时候，是草原上的牧民庆贺丰收、相互交流的最好时光。

21

蒙古族的马称谓和马烙印符号中蕴含着极其丰富的文化内涵，体现了先民的思维特性、性格特征、审美取向，反映了蒙古民族传统文化的博大与深邃的精神实质。

　　起源于中亚蒙古高原的蒙古民族自古以来以游牧为生，逐水草而居，是在马背上走向文明时代的民族。蒙古族的历史可以说是一部漫长而坎坷、辉煌而悲壮的马背民族史。说起内蒙古大草原，人们会情不自禁地想到"天苍苍，野茫茫，风吹草低见牛羊"的塞外风光，然而，据考证，草原蒙古族部落尊崇的不是牛羊，牧人崇拜的图腾除了狼，还有马和鹰。

　　《蒙古秘史》的开头语中记录了狼的图腾踪迹，其实，狼图腾只是蒙古民族乞颜部落的图腾。马拥有的速度和力量等特殊品质使原始的蒙古先民产生了崇拜心理，并成为北方游牧民族崇拜的图腾。蒙古民族的马崇拜是与他们的灵魂崇拜、天神信仰以及英雄崇拜联系在一起的。我们对于蒙古马文化的研究正是基于自然层面即原始氏族时的自然崇拜，到社会层面即部落联盟时的人马形象整合期，再到文化层面的过渡与发展，从蒙古先民的马崇拜开始对人与马之间自然形成的生产生活、民风习俗、思维审美、人马情怀等方面的综合研究揭示马背民族古老而神奇的文化底蕴和丰富内涵。辽阔的内蒙古大草原是蒙古马的故乡，神武英俊的蒙古马是草原的灵魂，对生活在内蒙古大草原上的牧民来说，马是一种特殊的生灵，草原上一直流传着她的神奇故事。

世界上马的出现可追溯到 5000 万年以前，中国最早发现的马化石是内蒙古锡林郭勒大草原上的苏尼特左旗出土的，距今1000 多万年前的戈壁安琪马化石，说明浩瀚的蒙古高原在远古时代就栖息和繁衍着马这种动物，被生物学界命名为蒙古马。在驯化马匹之前，人类是靠双脚丈量大地的，不知道是什么人、什么时间跨上了马背；也不知作为食草动物的马什么时候起能容忍人类骑在它的背上。最初跨上马背的人应该不是为了娱乐，而是为捕猎马、征服马；最初载着人类奔跑的马可能只是因为惊慌想要逃跑。猎人感受到他从未感受过的速度，从此发现了驾驭骏马的乐趣。从蒙古族牧民有记忆的时候起，在蒙古人那些创世纪的传说中，他们就已经在马背上了。

早在旧石器时代，内蒙古大草原就有了人类生息繁衍的足迹。随着游牧民族与这片大自然和谐共处创造出了辉煌的史前文明，马文化便自然而然地融入其中。蒙古民族同马生死与共，创造了令世人震惊的丰功伟业。经过历史无数次的变迁，伟大的马背民族——蒙古民族在这片辽阔神奇的草原上顽强地生存壮大，马始终承载着民族繁衍发展的重任。因此，蒙古人与骏马被岁月牢牢地拴紧了感情的纽带，彼此难以割舍分离。马与牧人生活紧密相随，曾在人类文明发展的进程中扮演了重要的角色。可以说，马的驯养及应用在很大程度上推动了人类的文明进程。

　　马之所以成为人类驯养的对象是因为马具有很强的奔跑和跳跃能力——这是人类所需要的。马的性情比较温顺从不主动发起攻击，但这并不代表马没有个性。相反，马是一种个性很强的动物，内心深处有一种强烈的竞争意识，在与同类的竞争中有着一种累死也不认输的性格，赛马就是利用了马的这种心理。许多战马在战场上并不是死于枪林弹雨，而是由于剧烈奔跑力竭而死。因此可以说，马拥有宁静的内心和勇于献身的精神，是最具潇洒高贵

气质的生灵。

远古游牧先民对自然的崇拜是以苍天为最高神灵的。马是苍天派来的使者，肩负着人类与苍天之间沟通心灵的使命，是通天之神灵。东北亚地区游牧民族中普遍信奉的萨满教中提到九十九个天神，马神是其中之一。在各种大型祭祀活动中马都是不可缺少的重要成员。关于马的民俗随之逐渐丰富起来。不仅是打马鬃、烙马印、赛马等，考古学者发现早在匈奴时期即有马殉葬之习俗。他们认为同马一起下葬，马能够将人带入天堂，继续接受马的保护和恩惠。可见，尚马之风历史悠久，不仅是马民俗中的精粹，也是游牧民族颇具代表性的文化现象之一。

蒙古族的马称谓和马烙印符号中蕴含着极其丰富的文化内涵，体现了先民的思维特性、性格特征、审美取向，反映了蒙古民族传统文化的博大与深邃的精神实质。马文化的形成发展和传承是与蒙古族的历史同步的，我们研究它并非是继承原始的马崇拜思维模式，而是通过揭示民族文化的现象来继承和发扬传统的优秀文化遗产，古老而陈旧的习俗已随着社会的进步逐渐被后人们遗弃或被现代意识取代，随着社会观念的变迁许多具象的传统文化已被象征的文化形态代替。今天的马已从古老的图腾崇拜变为一种文化的符号驻留在许多牧民的心中。

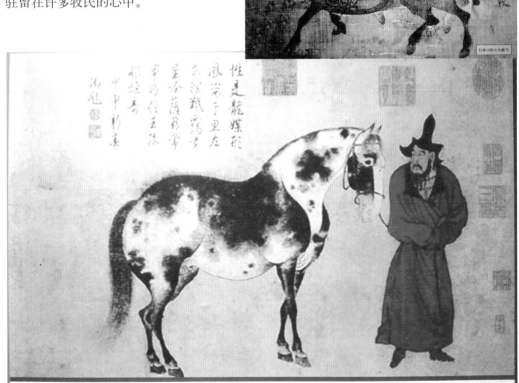

打烙印的元代牧马

高歌一曲骏马赞

22

在一些民歌、民间故事和英雄史诗中，马的美好、马的情感、马的忠诚，被叙说得淋漓尽致，

蒙古族民歌中与马有关的有千百首。他们通过民歌歌颂马的功绩，赞美马与人的亲密关系，形容马奔跑的速度与姿态等。蒙古族音乐中也体现了对马的挚爱之情。马头琴素有"蒙古族音乐的象征"美誉，其琴首以马为标志，琴箱上包以马皮，弓弦则是用马鬃、马尾做成。马头琴能弹奏出马的嘶、鸣、叹、哀等各种声音。古时候在草原上，每诞生一把马头琴，都要举行隆重的仪式。蒙古族舞蹈中的许多动作也来源于马，流行甚广的牧马舞、祭马舞，采用的就是马步，舞者模仿马的各种姿态、动作，腿部动作有跃马跳、左右翻腾跳、勒马仰身翻等，动作或轻盈舒缓，或飞奔腾越。

在蒙古族传统的赞词、祝颂词中对马的形象比喻和描述深刻感人，惟妙惟肖。在赛马活动中，对获得冠军的马，必须给予赞颂，当这匹快马飞驰至终点时，人们要给马披挂彩带、哈达，洒注鲜奶，高声赞颂，赞词十分优美生动，如："它那飘飘欲舞的长鬃／好像闪闪发光的金伞随风旋转／它那炯炯发光的两只眼睛／好像一对金鱼在水中游玩／它那宽阔无比的胸膛／好像滴满了甘露的宝壶／它那精神抖擞的两只耳朵／好像山顶上盛开的莲花瓣／它那震动大地的响亮回声／好像动听的海螺发出的吼声／它那宽敞而舒适的鼻孔／好像巧人编织的盘肠／它那潇洒而秀气的尾巴／好像色调醒目的彩绸／它那坚硬的四只圆蹄／好像风掣电闪的风火轮／它身上集中了八宝的形态／这神奇的骏马呀／真是举世无双……"

民间叙事既是民众创造的一种精神产物，也是民众日常行为方式的反映。单从行为方式上考察马的叙事的意义仅在于民众谈马的文化含义，无法给予全面系统的诠释。马之所以能够成为民间叙事中的一个文化意象，与游牧民族的日常生活关系相当密切。关于马和其他动物的民间叙事，体裁上使用了史诗、神话、传说、故事和歌谣等多种形式。游牧民族关于马的象征性体裁可分为两类，一类是民间故事中的马，另一类是俗语中的马。民间故事里的马，有的象征宇宙力量，有的象征灵魂的使者。散见于神话中的白马、黄骠马、黑骏马有不

终点获奖

同的象征意义，有时马还能预示天君的诞生或国家的灭亡。同样，俗语中的马，象征性也很丰富。总之，游牧文化中，马的象征意义包括神圣、辟邪、权威、天君下降、灵魂使者、祭物和吉祥等方面的内容。

法国著名史学家雷纳·格鲁塞在他的著作《蒙古帝国史》中提到："我们由《拉施特书》得知，成吉思汗一度怀疑者别居功自傲，将要替他自己复兴古儿汗的哈剌契丹王国，取得独立地位。成吉思汗使人晓谕者别不要夸大成功，因为汪罕、塔阳和古出鲁克都因骄傲而失败。然而他的疑虑是没有根据的。者别对他主人的忠心是不可动摇的。他并不想自立为王，他所想的完全是另一回事，怎样补偿他从前使成吉思汗所受到的损失。人们还记得当他还没有归附成吉思汗时候，曾一箭射倒成吉思汗的一匹马，一匹面白而特别为它主人所喜欢的马。成吉思汗没有对他怀恨，反而将这个旧日的敌人超擢为一军统帅。但是者别负疚在心，当他替蒙古君主攻取他国的时候，他急急乎征求一千匹白面的马，和他从前射倒的一样，或者无疑是更好……他将这些马匹献给了他的君主。"

在一些民歌、民间故事和英雄史诗中，马的美好、马的情感、马的忠诚，被叙说得淋漓尽致，如内蒙古地区普遍传唱的《蒙古马之歌》唱道："护着负伤的主人／绝不让敌人靠近／望着牺牲的主人／两眼泪雨倾盆／仁慈的蒙古马哟／英雄的蒙古马……"在蒙古族英雄史诗中，也经常会把英雄和马紧密联结

在一起，如《江格尔》中，旋风塔布嘎对他自己的坐骑说："从日出方向过来的／以草为食的你／血肉之躯的我／我撇开你怎能行动／你离开我如何生存。"

可见，这种英雄与坐骑之间的爱恋，具有多么浓厚的游牧生活气息，多么贴切地反映了蒙古民族尚武爱马的性格。

马在蒙古族的小说、散文中，更是一个重要的内容，不少作品直接以马为题如《枣骝马的故事》《小白马的故事》《神马》等。许多当代蒙古族作家，以马的主题和马的形象写出了大量优秀的作品。剧作家超克图纳仁的话剧《巴拉敖拉之歌》，第一幕就有吉尔格拉要将自己心爱的白马送给巴特尔的描写，一匹白马贯穿全剧始终。在神话故事里也有很多马的故事。蒙古人认为他们饲养的马具有非凡的起源，说它"起源于风"，于是他们创造

出了"在彩云下边奔腾，在树梢上边飞驰，一个月跑完一年路程，一天跑完一个月路程，一刻跑完一天路程，一眨眼工夫跑完一程"的飞马形象。

蒙古人一向把马看作是自己的朋友。马不仅在蒙古族民间故事中是主人的得力助手，而且也是蒙古族民歌的主人公。当人们在民歌里表达对儿女的怀念，表达对情人间的恋情时，总是把它同自己的骏马联系在一起。例如，在蒙古族民间广泛流行的民歌《枣红马》中唱道：足力矫健的枣红马哟／奋蹄奔跑快如疾风／天生丽质的伊格玛姑娘哟／就像梦幻一样出现在我眼前。这难道不就是因为一对对恋人靠马的足力才能倾吐爱情的缘故吗？

步态优雅看走马

23

体态形象美，步态姿势美，毛色纯正美，形如流水欢快顺畅，飘飘长鬃神采奕奕，这是牧民选择走马的主要标准。

走马有独特步法，起落平稳舒适，它那优美的步态姿势和稳健快速的步履，让人悦目赏心。

走马和奔马的步伐不一样，走马走的是对侧步，也就是每侧两条腿同时同步起落交替前进，骑者永远处于悬空状态，所以平稳舒适，而奔马驰骋时四蹄同时起落，颠簸甚猛。

　　蒙古族的走马，根据速度的快慢，大体上可以分三类，一种是大走，一种是小走，再一种是普通小走亦称赶路小走。通常我们所说的大走的速度大致与奔跑的马相当，小走的速度与大步颠马相当。至于说赶路小走，细分的话也有十来种步伐。虽然这些步伐看似区别不大，但骑在马背上就能感觉出来它们是有区别的。赶路小走各具特点，走法各异，名称也不相同。举例来说，它有破对侧步小走、小走式慢步、大步疾走、普通快步走、套步小走、慢步狼行走和小碎步等十多种走法。因赶路小走步伐轻松优美，也有人把它称之为休闲步伐。

　　其实赶路小走不是马匹生来就有的步伐，而是驯马手调教出来的。它较好地顺应了草原牧民对乘马步伐的需求。这样需求的一个重要原因是蒙古人要求一切乘马都能走赶路小走步伐，这样才被看作是步伐完美的理想的乘用马。而那些不会走赶路小走的乘用马被视为最笨拙最没有出息的驽马。比如，牧民骑马走亲戚，一般都是时而大跑大颠，时而在行进间隙歇乏。这时候，赶路小走具有不可替代的作用，走马踏着轻松激越的快步小走赶路，人们缓辔疾步向前走，马儿被激励得更加精神抖擞，双耳直立，蹄

下生风，那份情趣，那份舒坦，别提多美了。

评估走马速度的快慢，主要观察它的过步。什么叫过步？走马后蹄超出前蹄蹄印之间的距离就叫过步。凡是走马都迈过步，过步距离的远近决定走马的速度，过步距离远，走马走得就快，反之则慢。以上述大走马为例，假定它的速度与奔马驰骋相当，那么它的过步至少在一米以上，甚至不低于一米四五的距离。假如它低于这个距离，那它就达不到大走马应有的速度，由此看

来，上述大走马的过步距离一般在一米以上，小走马的过步大约在一米以下，是属于半趟走的走马。至于那些生下来就走对侧步的"胎里传"或"自来走"，也是属于这个档次的走马。从它们当中出不了太快的走马。蒙古马的走马史告诉我们，流畅大步走的马都是在驯马时偶然发现有对侧步后骑出来的，正如俗话所说那样：压走马压不出来。

体态形象美，步态姿势美，毛色纯正美，形如流水欢快顺畅，飘飘长鬃神采奕奕，这是牧民选择走马的主要标准。

特别是作为走马首要条件的对侧步伐之优劣，是决定走马好坏的关键所在。走马的步伐有别，步伐各异，分好几种类型。这其中具有代表性的是，流畅大步走，形如流水走，驼步大走（俗称骆驼闪）和野鸡溜等几种步伐。除了驼步大走因向两边摇晃而成为缺点，不太受欢迎外，其他像欢快流水那样的流畅大步走，像落地野鸡迅速滑行那样欢快顺畅的野鸡溜，以及绵羊走式那样轻飘飘的走马，都是深受牧民欢迎的。

这些出色的上等走马，主要由长者和成年人乘骑，年幼者骑术欠佳，容易出现步调紊乱而失腿狂颠的现象。通常走马多用于探亲访友的礼尚往来，以及男女婚事和作秀那达慕盛会。向最亲密和尊贵的亲朋好友与社会名流赠送走马，是蒙古人上千年以来一直保留的传统，比如，活佛高僧念经，请名医治病，感谢教师教学，祝贺老人寿辰，皆馈赠走马表示崇高敬意。

故事链接:

牧童和千里马

　　成吉思汗在征服一个部落时，俘获了相马士阿如格泰台吉的儿子，就把他送给阿拉戈代巴颜当家奴，放牧巴颜的羊群。

　　一天黄昏，阿拉戈代巴颜出去看归牧的羊群，见那个牧童正抱着一个马头骨边哭边叫"有谁能知道这是千里马的头骨？又有谁知道我是相马士阿如格泰台吉的儿子？"阿拉戈代巴颜听到后，勃然大怒，他举起皮鞭就抽打牧童："你为什么坐在这里哭？羊群呢？"牧童回答说："我像父亲曾经是一个相马的人，我看这个千里马头骨，想起了自己的父亲，所以在这儿耽搁了一会儿，羊群就在跟前，不会失散的。"

　　阿拉戈代巴颜听完牧童的话，更加生气，他怒气冲冲地说："什么千里马的头骨！难道我十万匹征马中没有一匹名驹，一匹死马却成了千里良驹？要是你真有识别千里马的本事，明天一清早，给我到马群里看看，有没有这种马！"第二天早晨，牧童在马群中查看了三遍，说："没有发现千里马，只看见千里马的粪便。"听了这话，巴颜又用皮鞭抽打牧童。正在这时，从蒙古包后边传来马嘶声。"老爷，不要打我了，有千里马的嘶叫声。"牧童指着巴颜一匹驮水驮得害断梁疮的秃耳朵花马说："这就是千里马。"巴颜听后愈发生气，他一边打一边说："我十万匹马群中没有良驹，驮水的花马成了千里马！"牧童呜咽着央求道："老爷别打我了。你要是不相信我的话，请先把这匹花马撒群三年，到时候你就知道什么是千里马了。"

阿拉戈代巴颜依照牧童的话，把秃耳朵花马撒了群。三年之后，牧童让他准备了三根肚带、三个大口袋，里面装满了土，又让他准备了三袋奶食，都驮在马背上。准备停当之后，牧童对巴颜说他要骑着千里马绕十万匹马群转三圈，演示千里马的脚力。于是牧童开始围绕马群转，他每转一圈划破一个口袋，就把里面的土倒出来，转完最后一圈，划破了最后一口袋土后，在马上说道："人得良骥虎添翼，千里马要展翅高飞了"。说完，就向着自己的家乡奔驰而去。

阿拉戈代巴颜无可奈何地去觐见成吉思汗，请求大汗替他出

主意想办法。他说："敬请君主恩准，我那马群中之骏马千里驹被人劫跑，没有办法才前来报告圣主。原来大汗赐给我的那个牧童，能认识千里马。我叫他到我十万匹马群里看有没有千里马，他却说我那匹驮水的秃耳朵花马是千里马。后来我照他的要求准备了他要我做的一切，不想他骑上我的千里马就跑了。君主，有什么办法可以把他捉回来？"成吉思汗命令索古多尔赛汗说："啊，我英俊的索古多尔赛汗，你赶快骑上我的那匹小骏马，带上丈五长的金钩出发。最好能将人马一起抓回，若不能，就把那逃犯逮回来。"索古多尔赛汗当天就追上了出逃三天的牧童。他上前钩住衣领把牧童抓住了。不幸的是，当索古多尔赛汗带着牧童两个人叠骑小骏马回来时，小骏马因为过度疲劳而死在途中。成吉思汗非常难过，用八匹锦缎裹上小骏马的尸体埋葬了。

小牧童离开家已经好几年了，阿如格泰台吉每天登高远眺，盼儿子早日归来。有一天傍晚，他登上高处望儿子，并喃喃自语："我儿子是一个很好的相马者，他出走已经好几年了，为什么到现在还不回来呢？"当他正不安地远眺时，忽然在远方出现了一股千里马扬起的尘雾，他高兴地回到屋里对老伴说："噢，告诉你一个好消息，我刚才看见千里马扬起的尘土，这准是我们的儿子回来了。要是跑来的真是他，就没有一匹马能追上他。"说完，他赶紧到铁匠作坊找了根丈五长的铁钩，赶到外边去，等候自己儿子到来。可是跑来的却是一匹无人乘骑的千里马。他惊愕地想："我的儿子决不会从马背上摔下来呀！莫非是被上天或土神捉拿而去？"他转身去勾那飞奔的千里马，勾住了马衔勒，但没有拉住，停了片刻，他再用力去拉，仍然没有拉住，千里马逃之夭夭。

相传，从那时候起，千里马虽然出生在遥远的边疆，但永远留住在中原地区了。

参考书目

1. 郭雨桥著：《郭氏蒙古通》，作家出版社 1999 年版。

2. 陈寿朋著：《草原文化的生态魂》，人民出版社 2007 年版。

3. 邓九刚著：《茶叶之路》，内蒙古人民出版社 2000 年版。

4. 杰克·威泽弗德（美）：《成吉思汗与今日世界之形成》，重庆出版社 2009 年版。

5. 度阴山：《成吉思汗：意志征服世界》，北京联合出版公司 2015 年出版。

6. 提姆·谢韦伦（英）：《寻找成吉思汗》，重庆出版社 2005 年出版。

7. 宝力格编著：《话说草原》，内蒙古大学出版社 2012 年版。

8. 雷纳·格鲁塞（法）著，龚钺译：《蒙古帝国史》，商务印书馆 1989 年版。

9. 王国维校注：《蒙鞑备录笺注》，（石印线装本）

10. 余太山编、许全胜注：《黑鞑事略校注》，兰州大学出版社 2014 年版。

11. 朱风、贾敬颜（译）：《蒙古黄金史纲》，内蒙古人民出版社 1985 年版。

12. 额尔登泰、乌云达赉校勘：《蒙古秘史》，内蒙古人民出版社 1980 年版。

13. （清）萨囊彻辰著：《蒙古源流》，道润梯步译校，内蒙古人民出版社 1980 年版。

14. 郝益东著：《草原天道》，中信出版社 2012 年版。

15. 刘建禄著：《草原文史漫笔》，内蒙古人民出版社 2012 年版。

16. 道尔吉、梁一孺、赵永铣编译评注：《蒙古族历代文学作品选》，内蒙古人民出版社 1980 年版。

17. 《蒙古族文学史》：辽宁民族出版社 1994 年版。

18. 王景志著：《中国蒙古族舞蹈艺术论》，内蒙古大学出版社 2009 年版。

19. 郭永明、巴雅尔、赵星、东晴《鄂尔多斯民歌》，内蒙古人民出版社 1979 年版。

20. 那顺德力格尔主编：《北中国情谣》，中国对外翻译出版公司 1997 年版。

后记

经过反复修改、审核、校对，这套《草原民俗风情漫话》即将付梓。在这里，编者向在本套丛书编写过程中，大力支持和友情提供文字资料、精美图片的单位、个人表示感谢：

首先感谢内蒙古人民出版社资料室、内蒙古图书馆提供文字资料；

感谢内蒙古饭店、格日勒阿妈奶茶馆在继《请到草原来》系列之《走遍内蒙古》《吃遍内蒙古》之后再次提供图片；

感谢内蒙古锡林浩特市西乌珠穆沁旗"男儿三艺"博物馆的工作人员提供帮助，让编者单独拍摄；

感谢鄂尔多斯市旅游发展委员会友情提供的2016"鄂尔多斯美"旅游摄影大赛获奖作品中的精美图片；

感谢内蒙古武川县青克尔牧家乐演艺中心王补祥先生，在该演艺中心《一代天骄》剧组演出期间友情提供的"零距离、无限次"的拍摄条件以及吃、住、行等精心安排和热情接待；

特别鸣谢来自呼和浩特市容天艺德舞蹈培训机构的"金牌"舞蹈老师彭媛女士提供的个人影像特写；

感谢西乌珠穆沁旗妇联主席桃日大姐友情提供的图片；

感谢内蒙古奈迪民族服饰有限公司在采风拍摄过程中提供的服装和图片；

感谢神华集团包神铁路有限责任公司汪爱君女士放弃休息时间，驾车引领编者往返于多个采风单位；

感谢袁双进、谢澎、马日平、甄宝强、刘忠谦、王彦琴、梁生荣等各位摄影爱好者及老师，在百忙之中友情提供的大量精心挑选的精美图片以及尚泽青同学的手绘插图。

另外，本套丛书在编写过程中，参阅了大量的文献、书刊以及网络参考资料，各分册丛书中，所有采用的人名、地名及相关的蒙古语汉译名称，在章节和段落中或有译名文字的不同表达，其表述文字均以参考书目及相关资料中的原作为准，不再另行修正或校注说明，若有不足和不当之处，敬请读者批评指正和多加谅解。